普通高等教育"十一五"国家级规划教材

工程制图基础习题集

Gongcheng Zhitu Jichu Xitiji

第四版

董祥国　李世兰　主　编
周芝庭　李国慧　副主编

高等教育出版社·北京

内容提要

本习题集与董祥国、李世兰主编的《工程制图基础》(第四版)配套使用。本习题集是在第三版的基础上,根据教育部高等学校工程图学教学指导委员会 2015 年制订的《普通高等学校工程图学课程教学基本要求》以及新发布的制图有关国家标准,并全面考虑近年来教学发展情况修订而成的。本习题集的习题编排顺序与教材一致,题量与难度适中,便于使用。

本习题集可作为高等学校电气信息、管理科学与工程等非机类专业的教材,也可供函授大学、广播电视大学等其他类型学校学生及自学读者使用。

图书在版编目(CIP)数据

工程制图基础习题集 / 董祥国,李世兰主编. --4 版. --北京:高等教育出版社,2019.3
ISBN 978-7-04-051231-1

Ⅰ.①工⋯ Ⅱ.①董⋯ ②李⋯ Ⅲ.①工程制图-高等学校-习题集 Ⅳ.①TB23-44

中国版本图书馆 CIP 数据核字(2019)第 011339 号

策划编辑	薛立华	责任编辑	薛立华	封面设计	于文燕	版式设计	马 云
插图绘制	于 博	责任校对	张 薇	责任印制	田 甜		

出版发行	高等教育出版社	网 址	http://www.hep.edu.cn
社 址	北京市西城区德外大街 4 号		http://www.hep.com.cn
邮政编码	100120	网上订购	http://www.hepmall.com.cn
印 刷	三河市宏图印务有限公司		http://www.hepmall.com
开 本	787mm×1092mm 1/16		http://www.hepmall.cn
印 张	11.75	版 次	1999 年 7 月第 1 版
字 数	130 千字		2019 年 3 月第 4 版
购书热线	010-58581118	印 次	2019 年 3 月第 1 次印刷
咨询电话	400-810-0598	定 价	22.50 元

本书如有缺页、倒页、脱页等质量问题,请到所购图书销售部门联系调换
版权所有 侵权必究
物 料 号 51231-00

第四版前言

本习题集与董祥国、李世兰主编的《工程制图基础》(第四版)配套使用。本习题集是在第三版的基础上,根据教育部高等学校工程图学教学指导委员会 2015 年制订的《普通高等学校工程图学课程教学基本要求》以及新发布的制图相关国家标准,并全面考虑近年来教学发展情况修订而成的。本套教材是普通高等教育"十一五"国家级规划教材。

本习题集的习题编排顺序与教材一致,除绪论外,各章均配有一定数量的习题。习题的选择与安排遵循由浅入深、循序渐进的规律,既注意到基本内容的训练,使学生巩固基本概念、掌握基本的作图方法,又有一定的数量及恰当的难度,方便读者练习与把握进度。

本书由董祥国、李世兰任主编,周芝庭、李国慧任副主编。参加本版修订工作的有东南大学董祥国、卢熹、刘海晨,南阳理工学院张欣、李国慧、李世兰,南阳师范学院张振莲。

中国矿业大学江晓红教授认真审阅了全部习题,并提出了许多宝贵意见,给予了很大支持,在此表示真诚的感谢。

由于学术水平和能力有限,错误或不当之处恳请读者及同仁不吝赐教,批评指正。

编者
2018 年 8 月

目　　录

第一章　制图基本知识 …………………………………………………………………………… 1

第二章　投影原理 ………………………………………………………………………………… 7

第三章　立体的截切和相贯 ……………………………………………………………………… 10

第四章　组合体 …………………………………………………………………………………… 22

第五章　轴测投影 ………………………………………………………………………………… 45

第六章　机件的常用表达方法 …………………………………………………………………… 47

第七章　标准件和常用件 ………………………………………………………………………… 58

第八章　零件图 …………………………………………………………………………………… 68

第九章　装配图 …………………………………………………………………………………… 72

第十章　计算机绘图简介 ………………………………………………………………………… 81

第十一章　电气制图简介 ………………………………………………………………………… 89

第一章 制图基本知识

班级　　姓名　　学号

1-1 汉字字体练习。

机械图样的汉字要端正笔画清楚排列整齐均匀

持之以恒日积月累必有所成

第一章　制图基本知识

班级　　　姓名　　　学号

1-2　线型练习：要求掌握各种线型的画法及绘图工具的正确使用方法。请在A4图纸上按1∶1的比例抄画下面的图线和平面图形。

第一章 制图基本知识   班级　　姓名　　学号

1-3 尺寸标注及按尺寸作图练习（尺寸数字从图中量出，取整数）。

(1) 线性尺寸及角度尺寸。

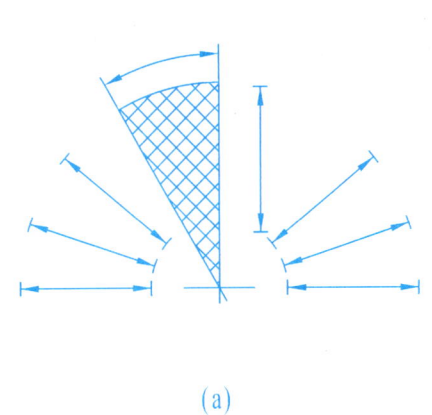

(2) 圆的直径。

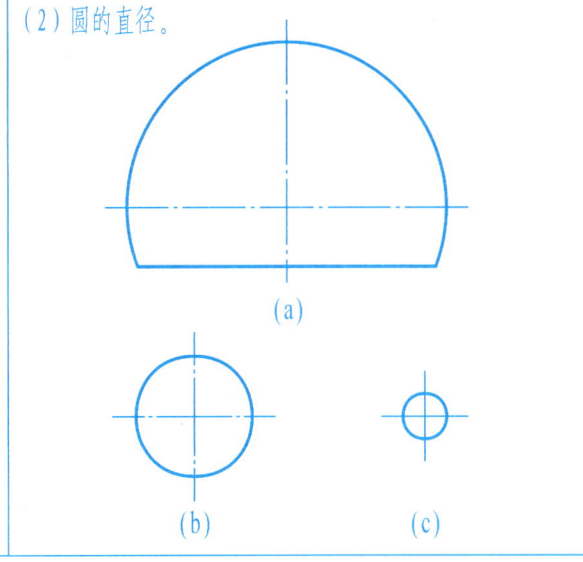

(3) 圆弧半径。

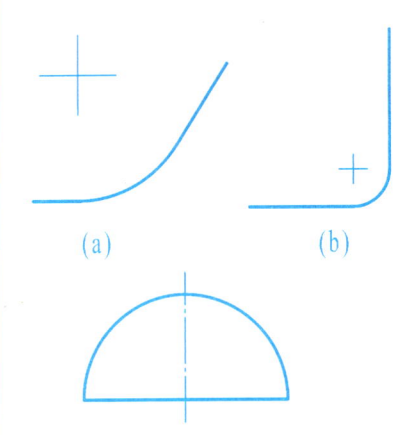

(4) 按小图所给尺寸，在大图上作出斜度和锥度。

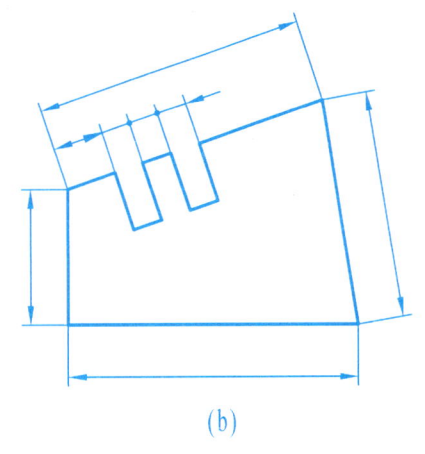

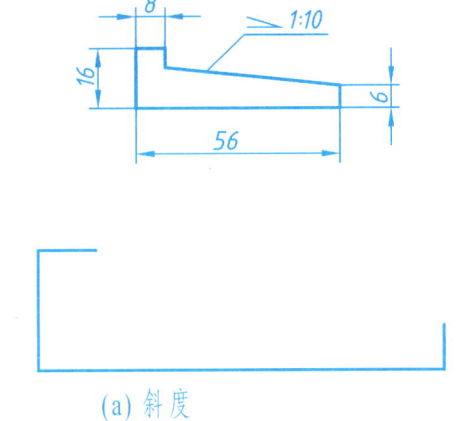

(a) 斜度

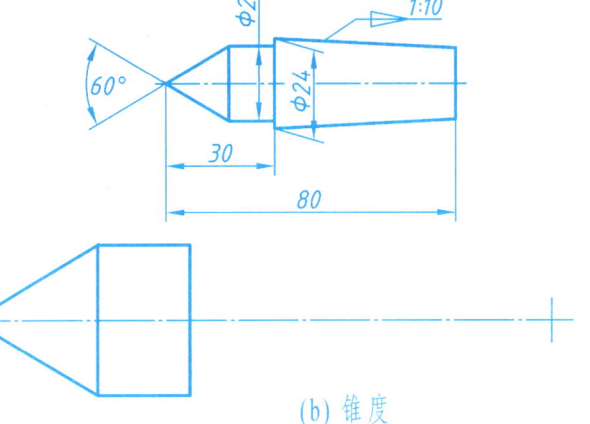

(b) 锥度

第一章 制图基本知识

1-4 找出左图中尺寸标注的错误，并在右图上作出正确标注。

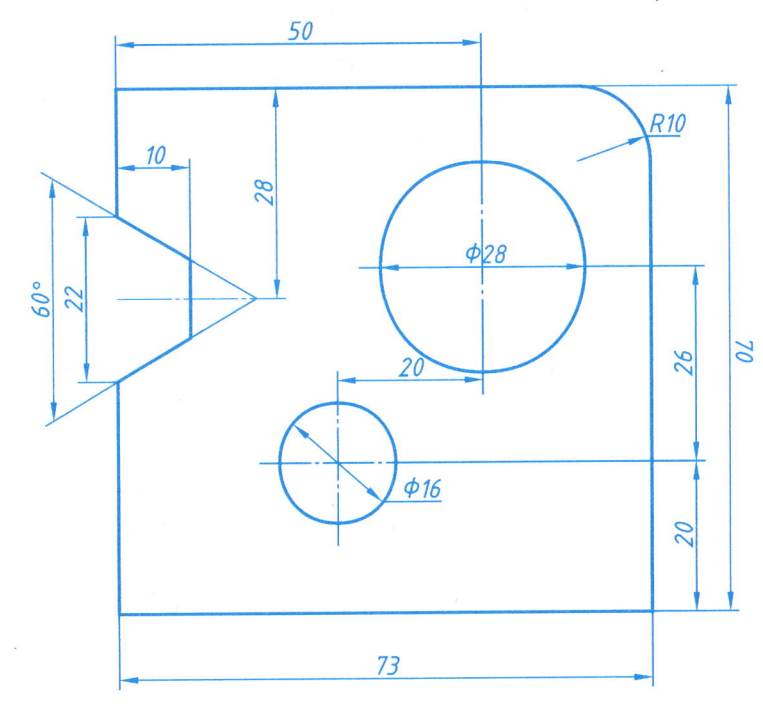
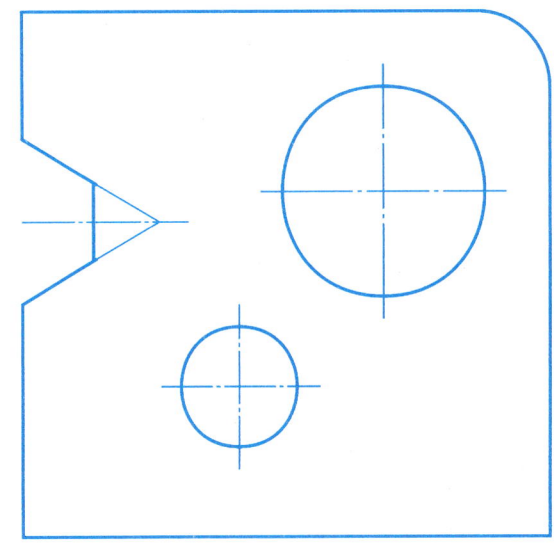

第一章 制图基本知识

班级　　　　姓名　　　　学号

1-5a 仪器绘图练习。

作业指示

1. 内容

绘制零件轮廓的平面图形（从一、二中任选一题），并标注尺寸。

图名：基本练习；图幅：A3；比例：合适。

2. 目的和要求

(1) 初步掌握制图的有关国家标准，如图线、尺寸标注等；

(2) 圆弧连接时要先找出连接弧的圆心和切点；

(3) 学会使用仪器和工具绘图；

(4) 要求绘制的图形正确、布局适当、线型合格、字体工整、连接光滑、图面整洁。

3. 作图步骤

(1) 分析图形中的尺寸与线段的性质，从而确定作图次序。

(2) 画底稿：①作定位中心线；②顺次画出已知线段、中间线段和连接线段。

(3) 检查底稿，擦去多余的线条，加深图线。

4. 注意事项

(1) 图形布局适中，同时要留出标注尺寸的位置；

(2) 画底稿时，图线要轻而准确，并正确画出圆弧连接的切点和圆心位置；

(3) 加深图线时应先曲线后直线、先细线后粗线，同一类图线应规格一致。

一、吊钩

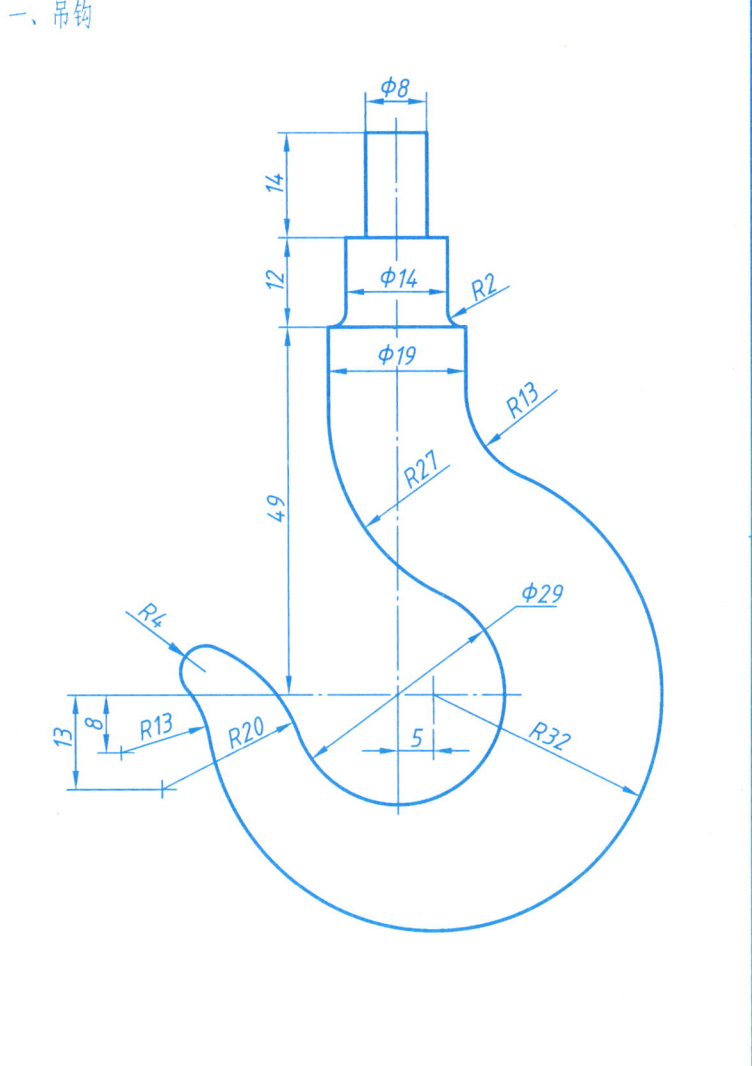

第一章 制图基本知识　　　　班级　　姓名　　学号

1-5b 仪器绘图练习。

二、扳手

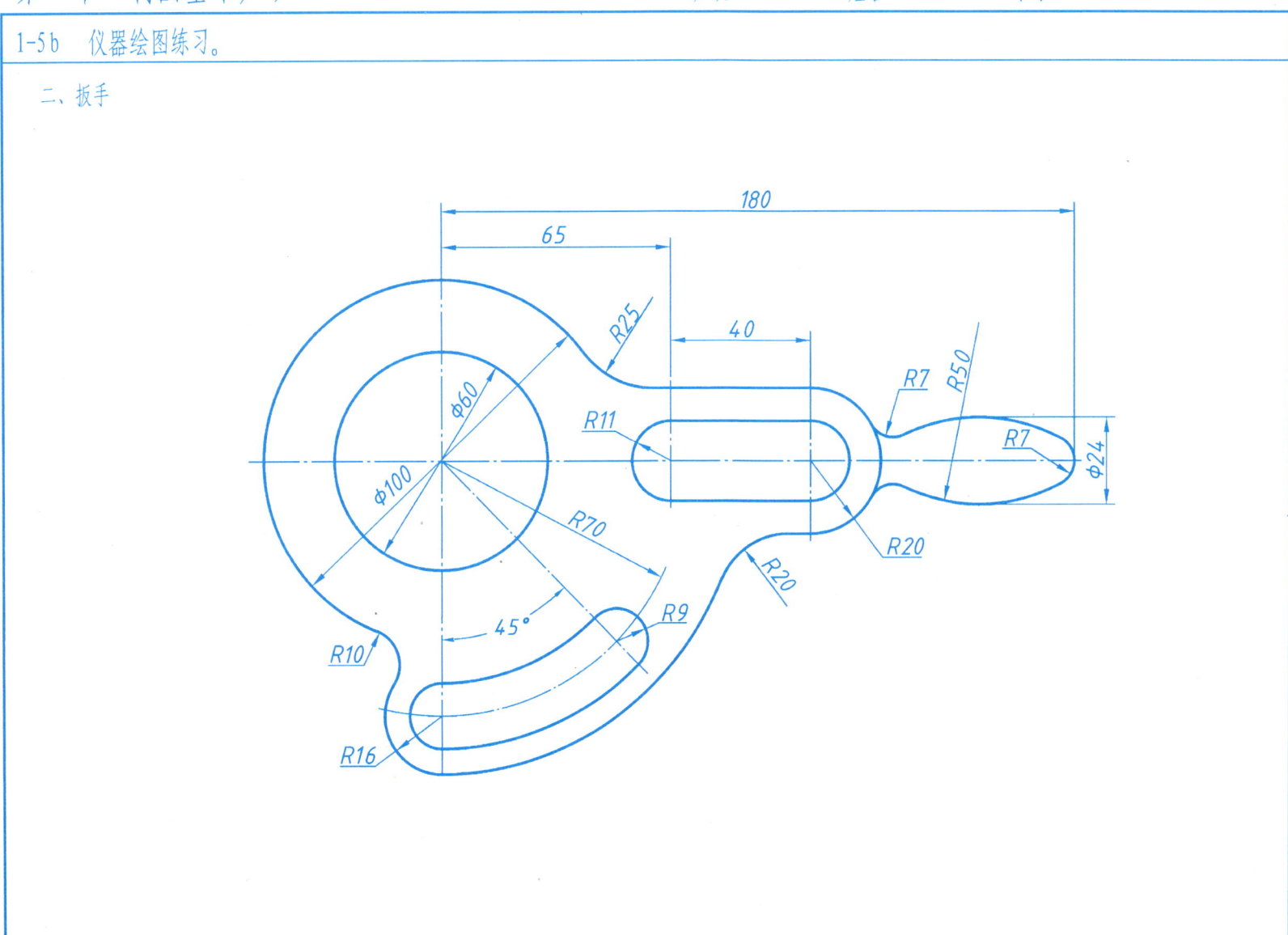

第二章 投影原理

班级　　　姓名　　　学号

2-1 完成点的三面投影（点在立体表面上）。

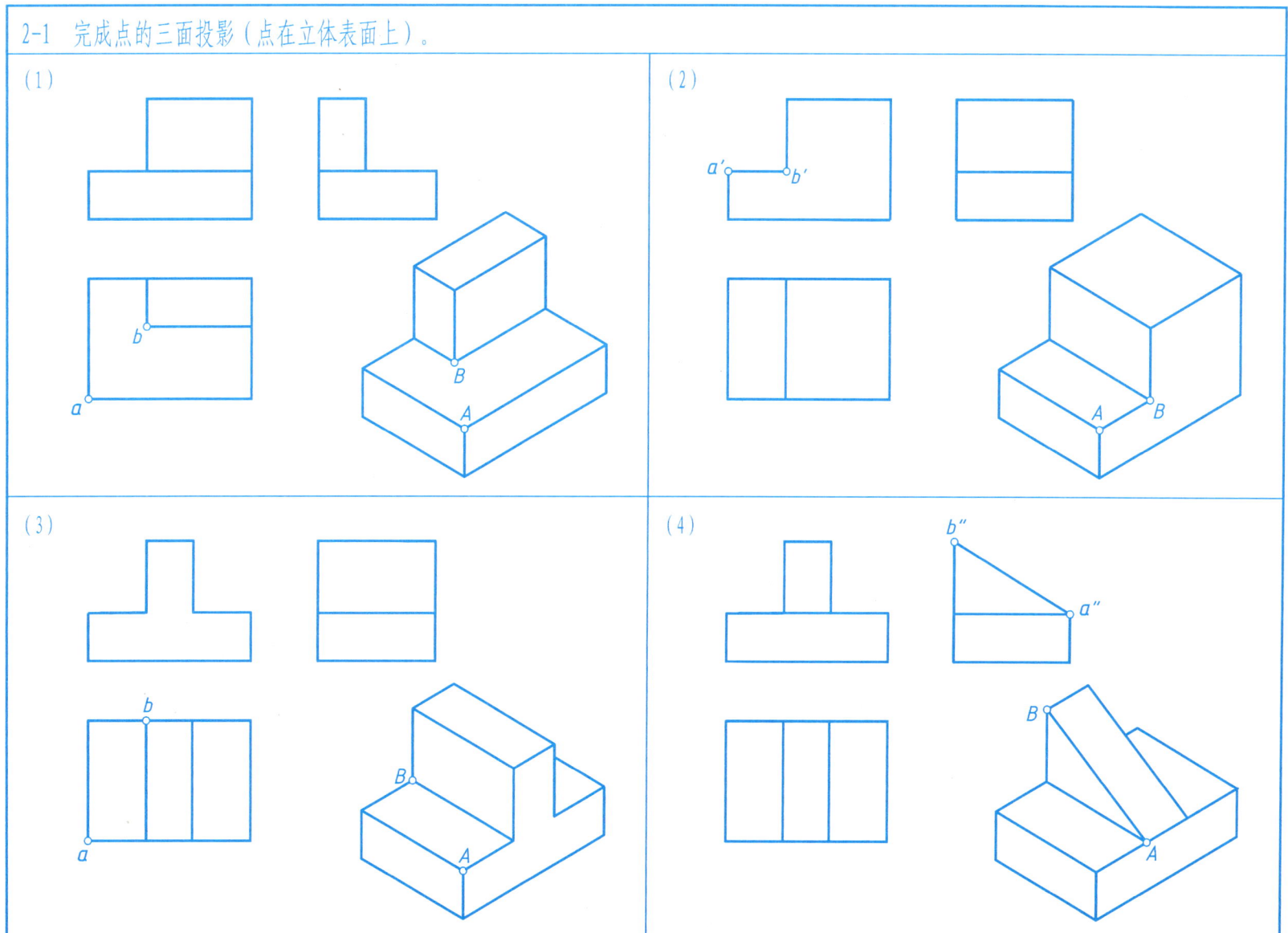

第二章 投影原理

班级　　　姓名　　　学号

2-2 根据直线 AB 的两个投影，求作第三投影，并写明直线对投影面的相对位置。

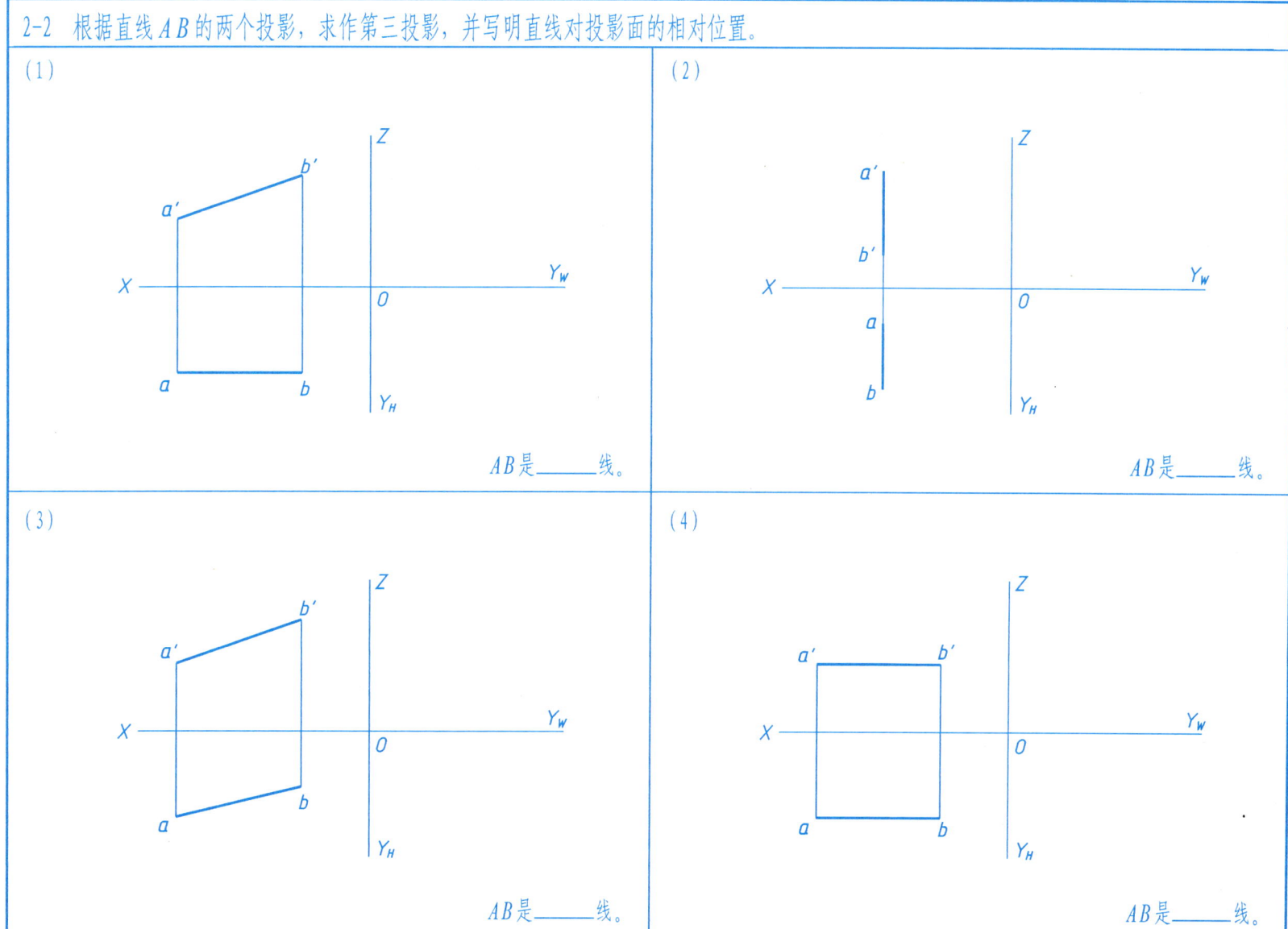

(1) AB 是_____线。

(2) AB 是_____线。

(3) AB 是_____线。

(4) AB 是_____线。

第二章　投影原理　　　　　　　　　　　　班级　　　　姓名　　　　学号

2-3　求作基本几何体表面上的点或线的其余两个投影。

(1)
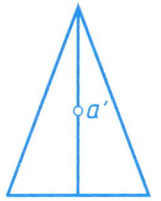

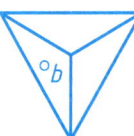

(2)
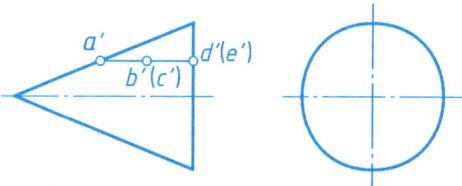
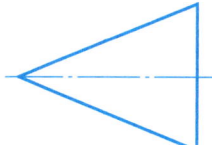

(3)
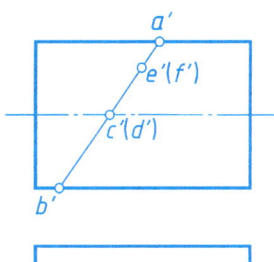
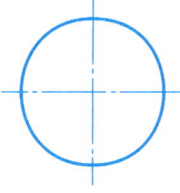

(4)
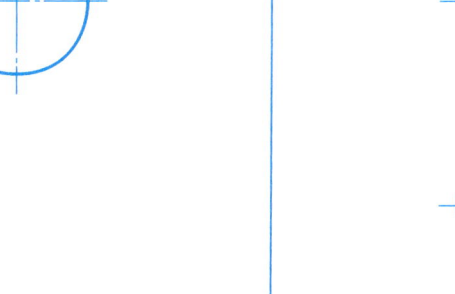
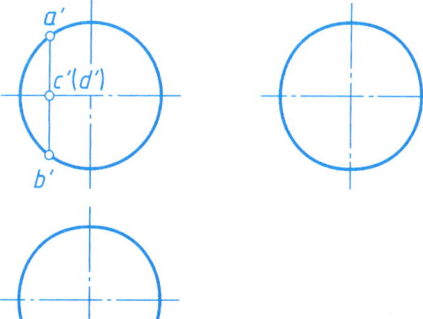

第三章 立体的截切和相贯

班级　　　姓名　　　学号

3-1 补全水平投影和侧面投影。

(1)

(2)

(3)

(4)

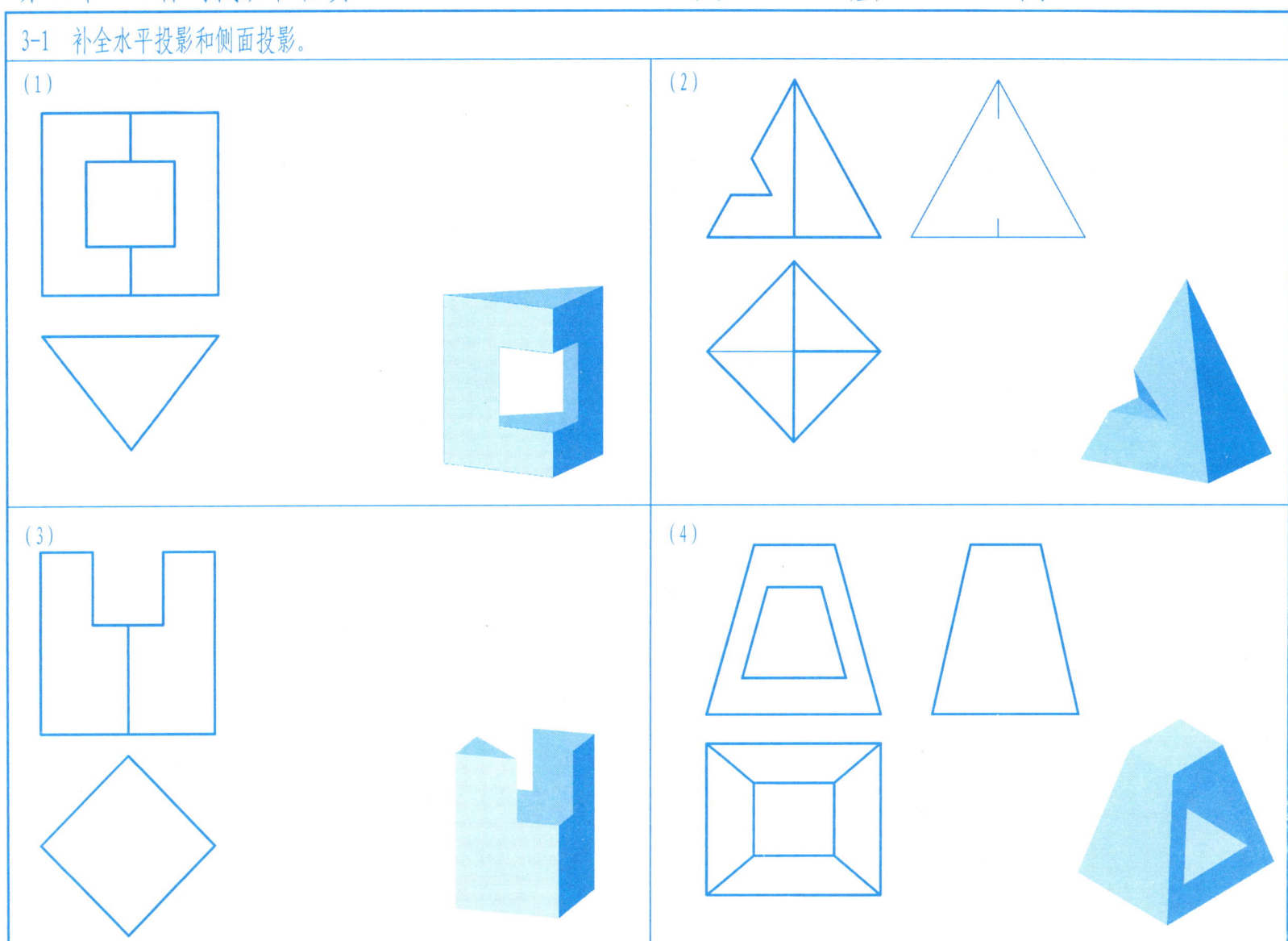

第三章 立体的截切和相贯   班级　　姓名　　学号

3-2a 对照立体图，根据二视图补画第三视图或补全三视图上漏缺的投影，并分析斜面的投影。

(1) 补画俯视图。

(2) 补投影。

(3) 补画左视图。

(4) 补画左视图。

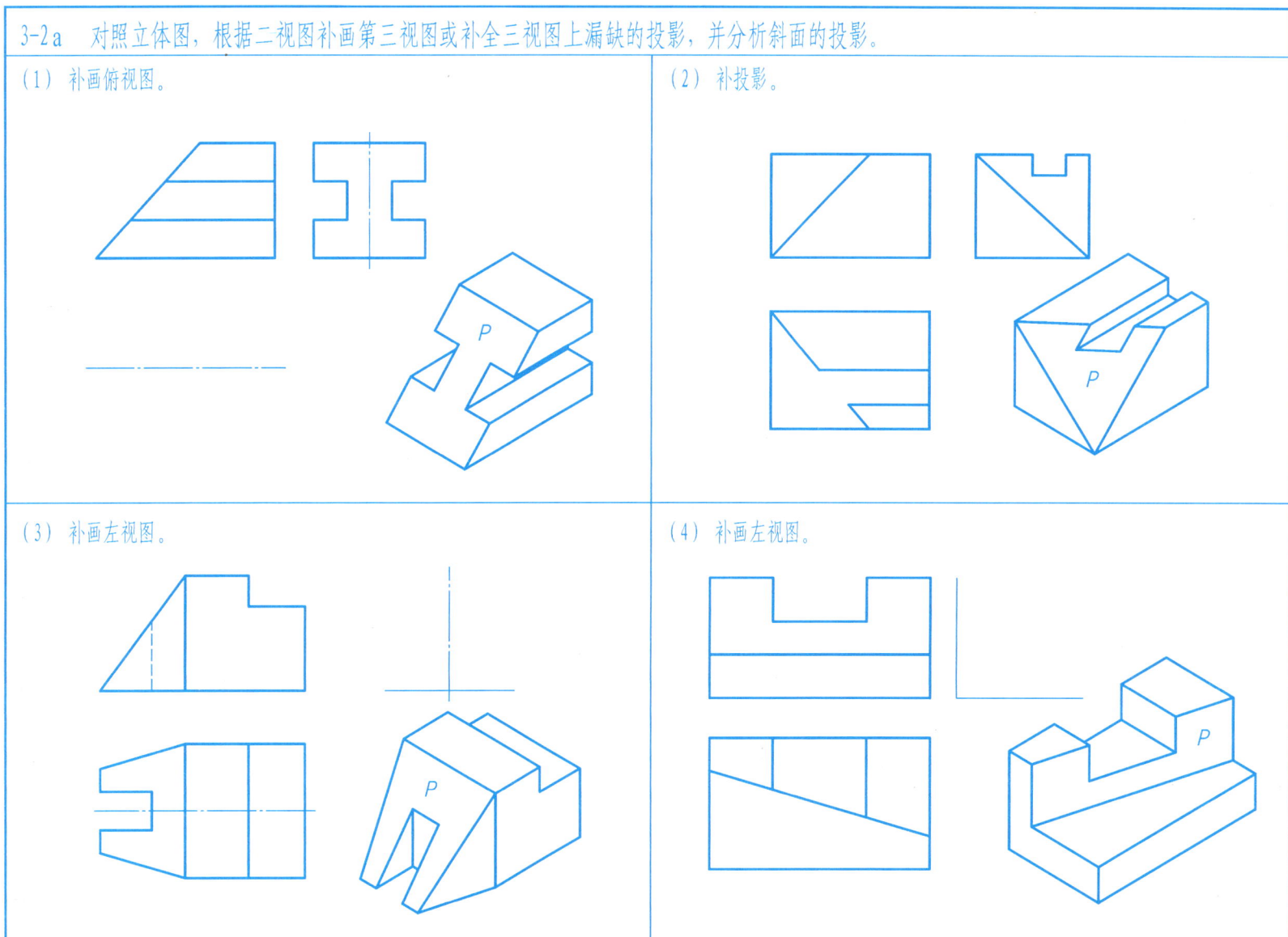

第三章 立体的截切和相贯   班级　　　姓名　　　学号

3-2b 对照立体图，根据二视图补画第三视图或补全三视图上漏缺的投影，并分析斜面的投影。

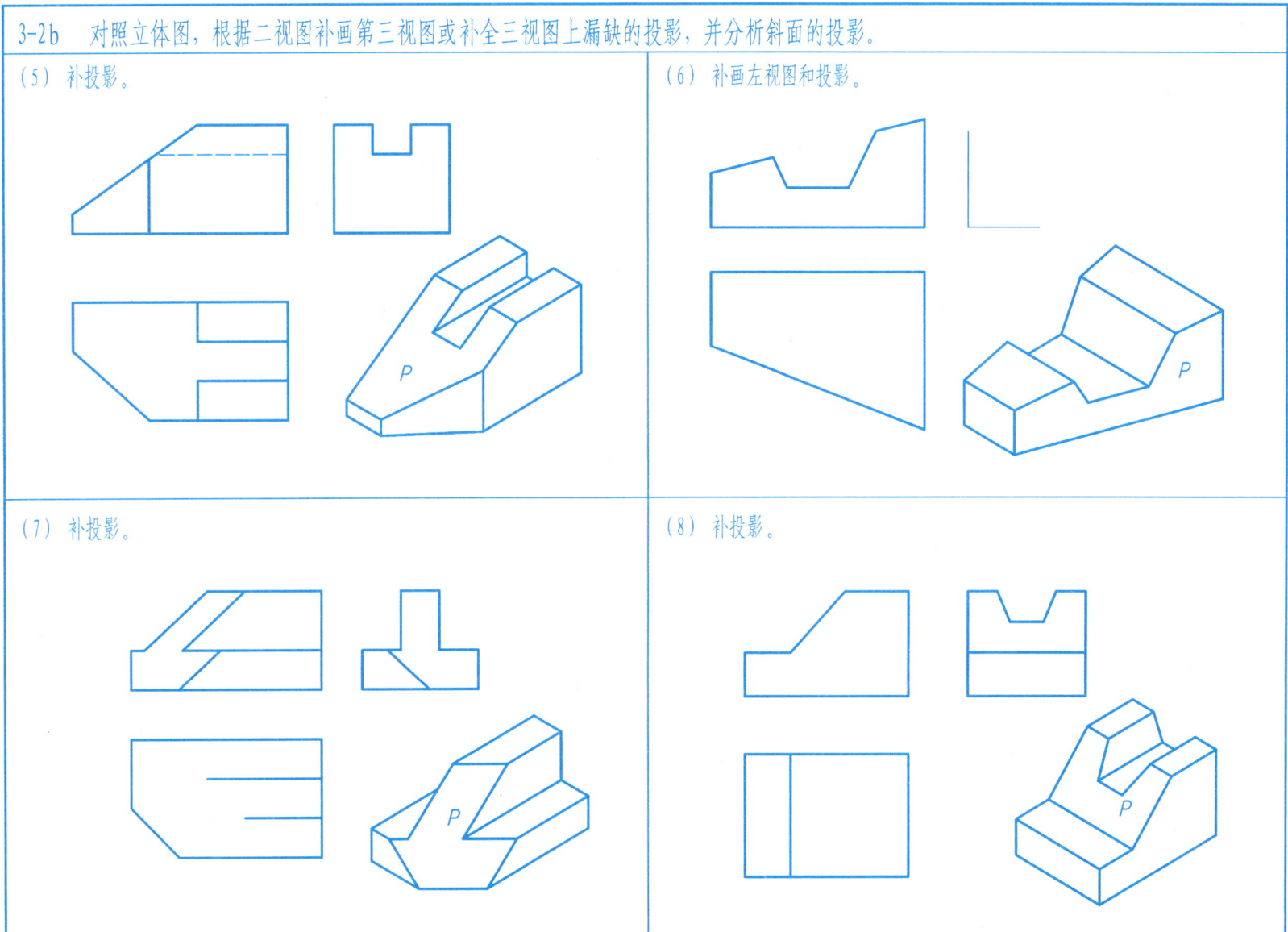

(5) 补投影。

(6) 补画左视图和投影。

(7) 补投影。

(8) 补投影。

第三章 立体的截切和相贯

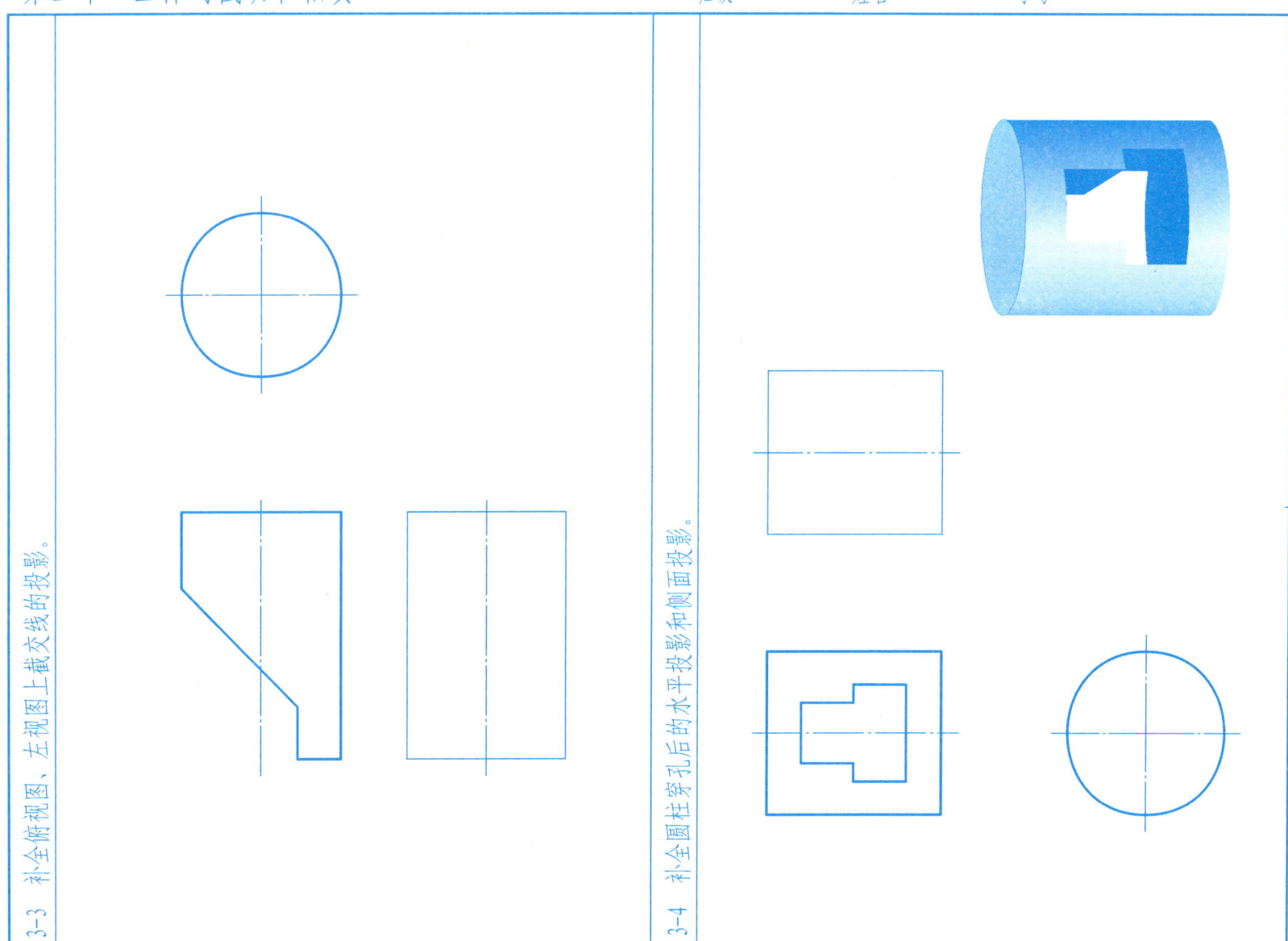

3-3 补全俯视图、左视图上截交线的投影。

3-4 补全圆柱穿孔后的水平投影和侧面投影。

第三章 立体的截切和相贯　　　　班级　　姓名　　学号

3-5 补全俯视图、左视图上截交线的投影。

3-6 补全圆锥穿孔后的水平投影和侧面投影。

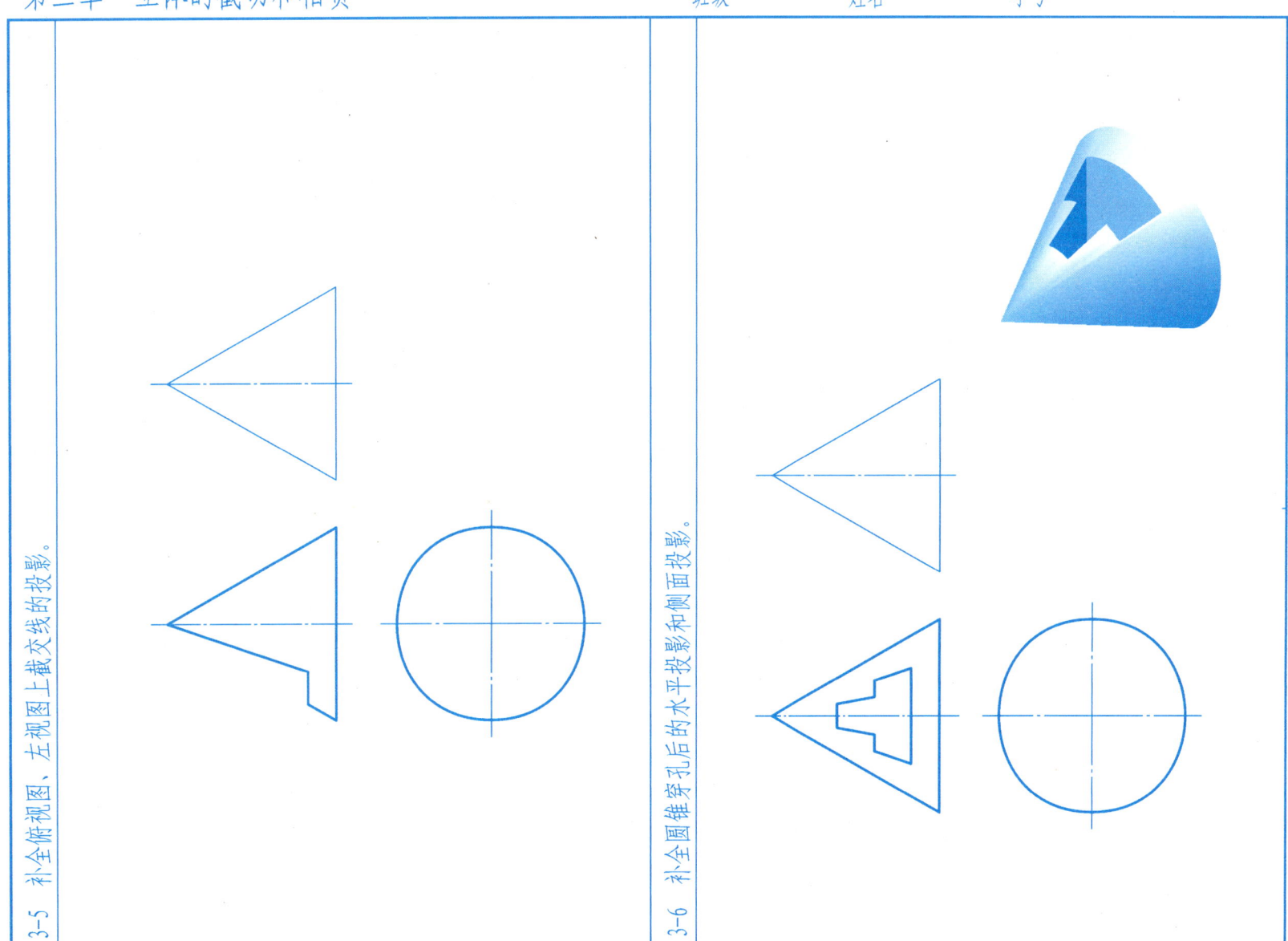

第三章 立体的截切和相贯

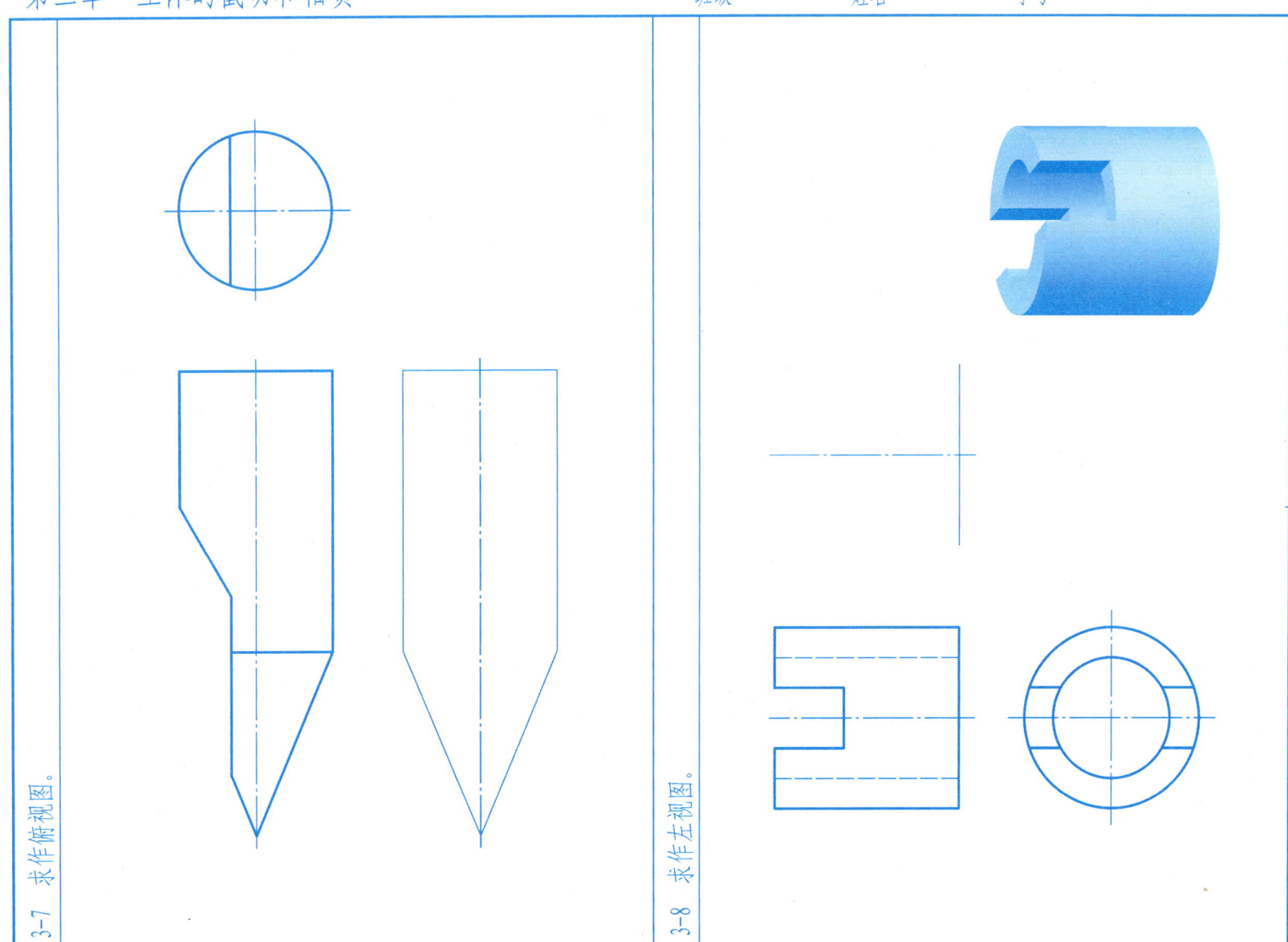

3-7 求作俯视图。

3-8 求作左视图。

第三章 立体的截切和相贯　　班级　　姓名　　学号

3-9 画出下列各相贯线的投影。

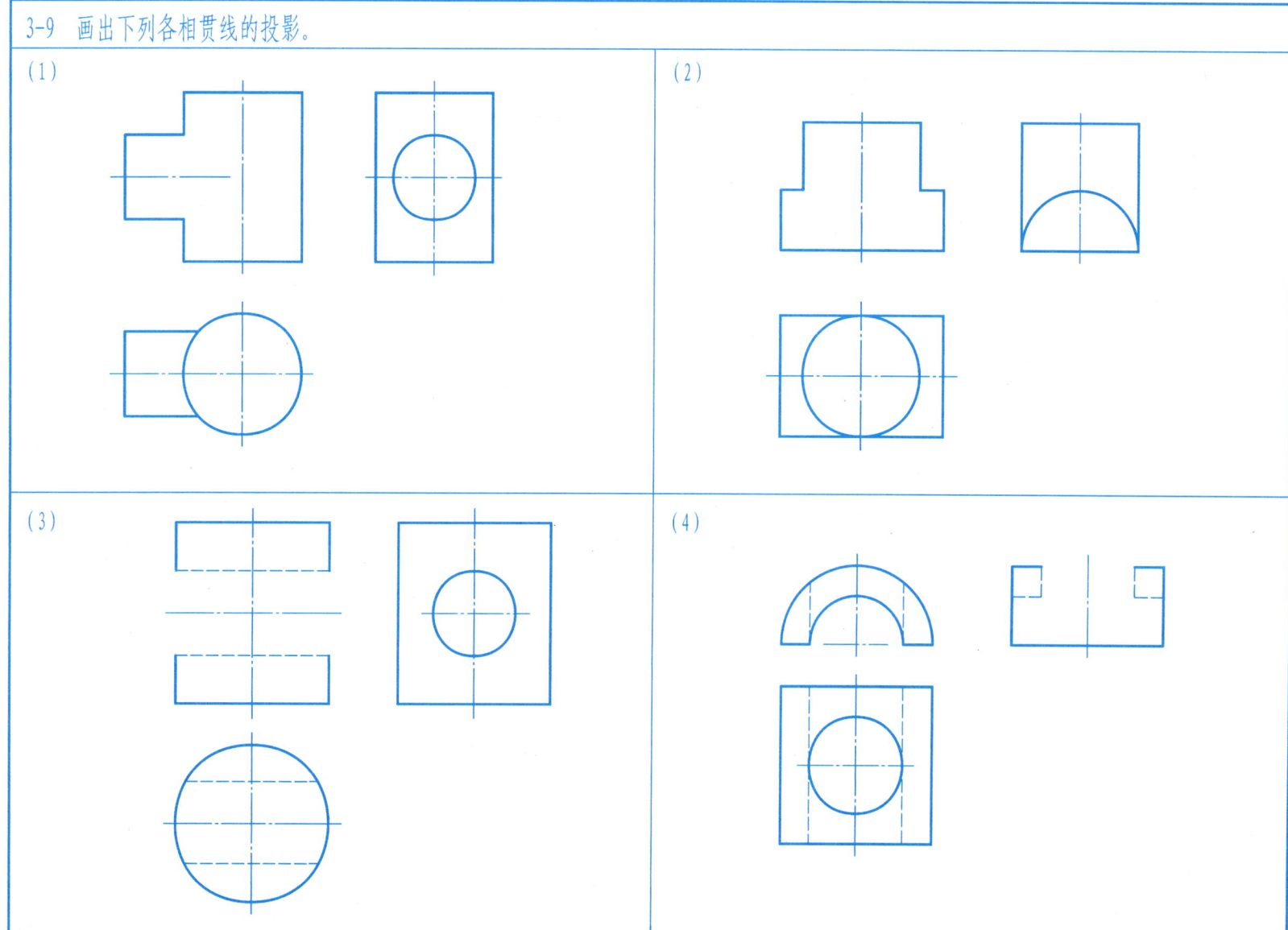

第三章 立体的截切和相贯

3-10 补画视图中相贯线的投影。

3-11 已知主视图和俯视图，补画左视图。

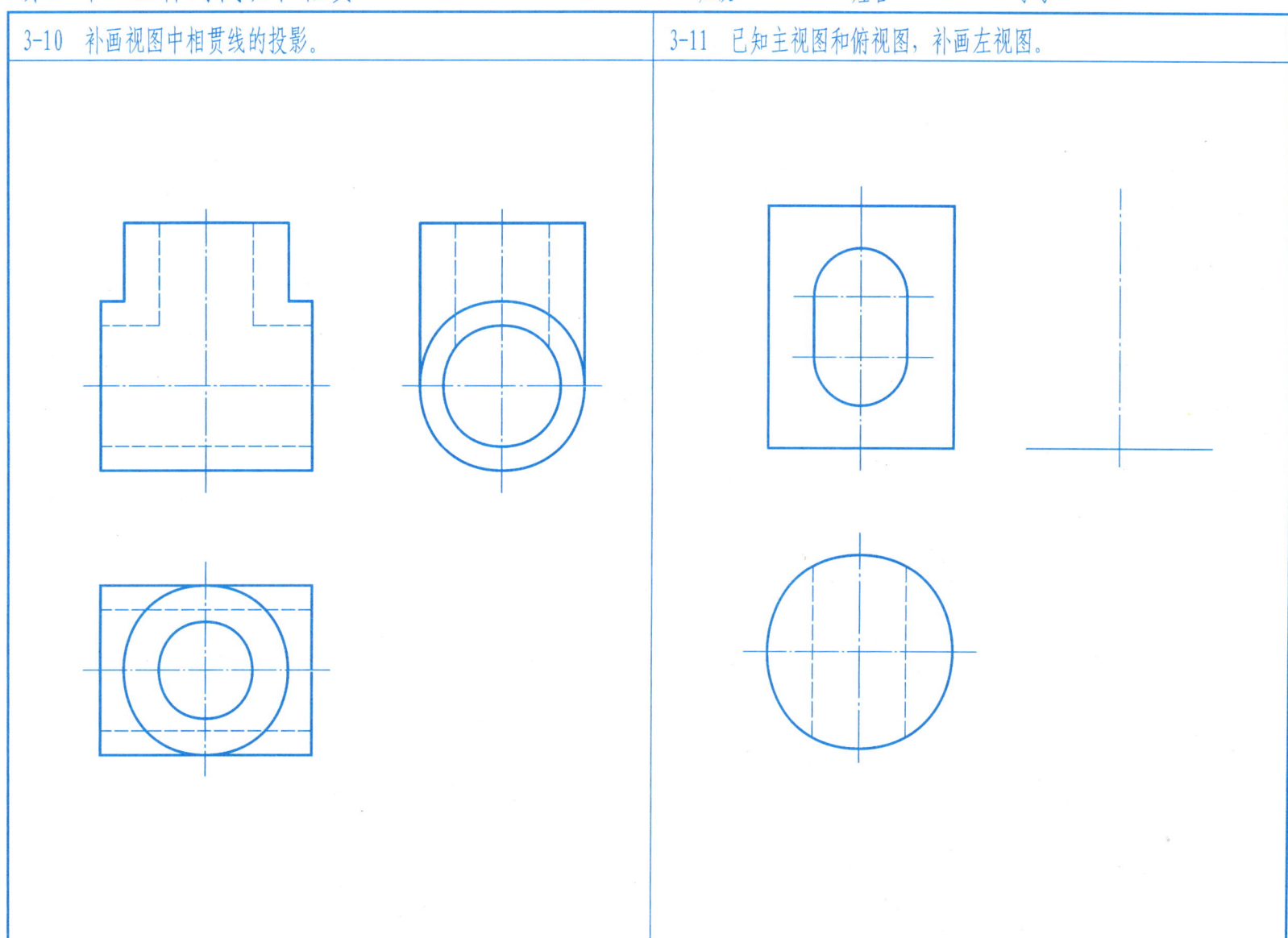

第三章 立体的截切和相贯

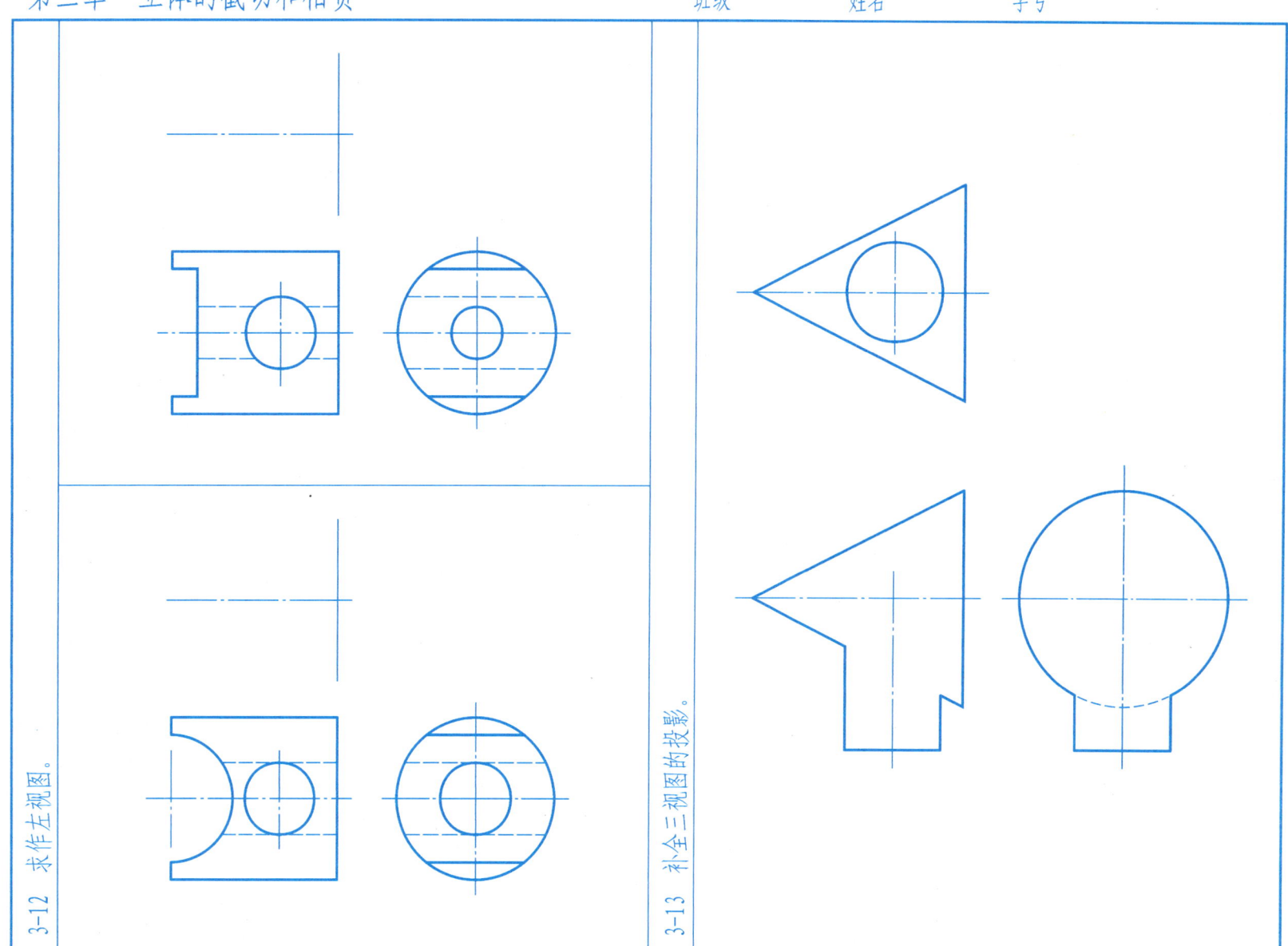

3-12 求作左视图。

3-13 补全三视图的投影。

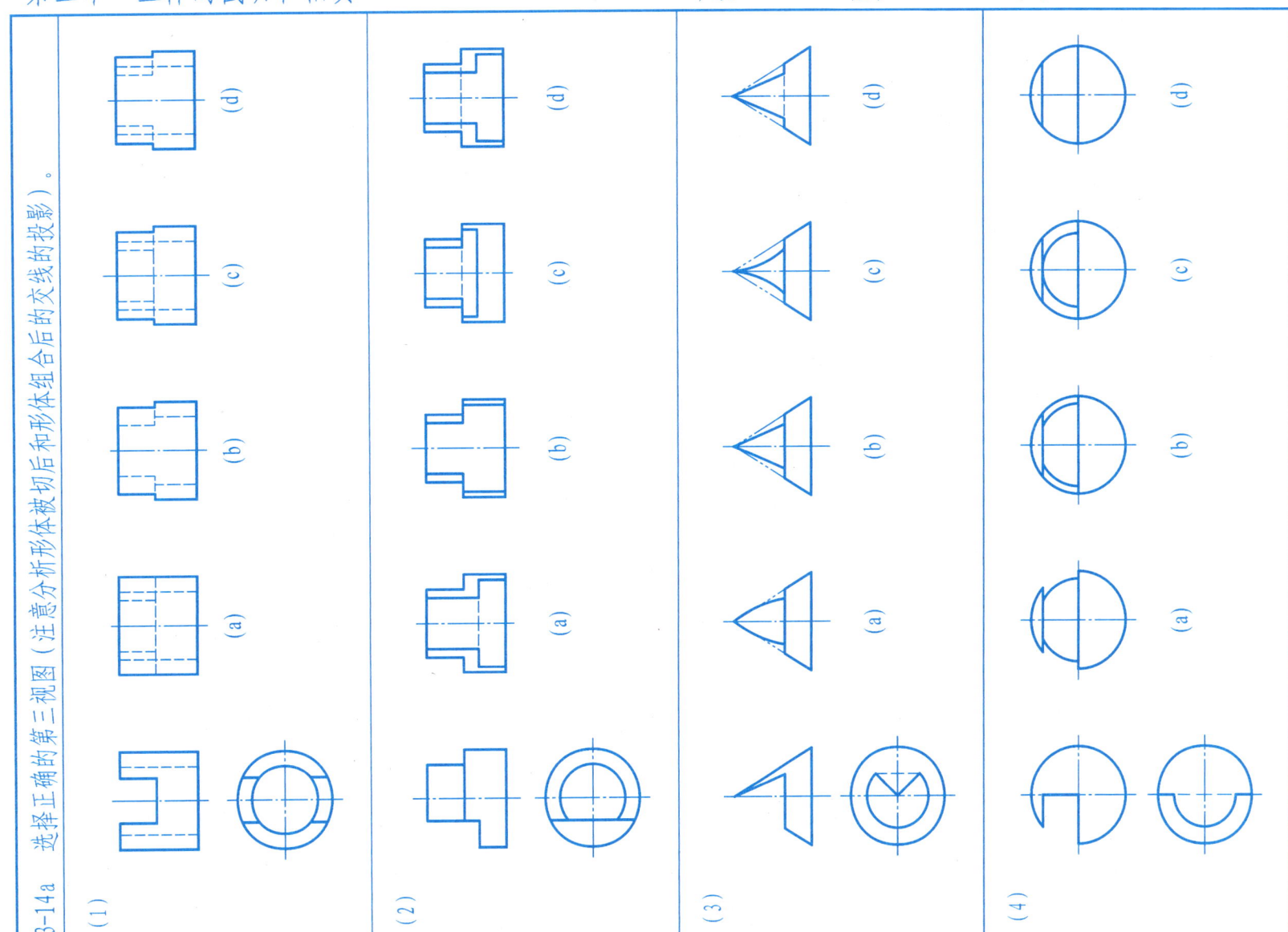

第三章 立体的截切和相贯

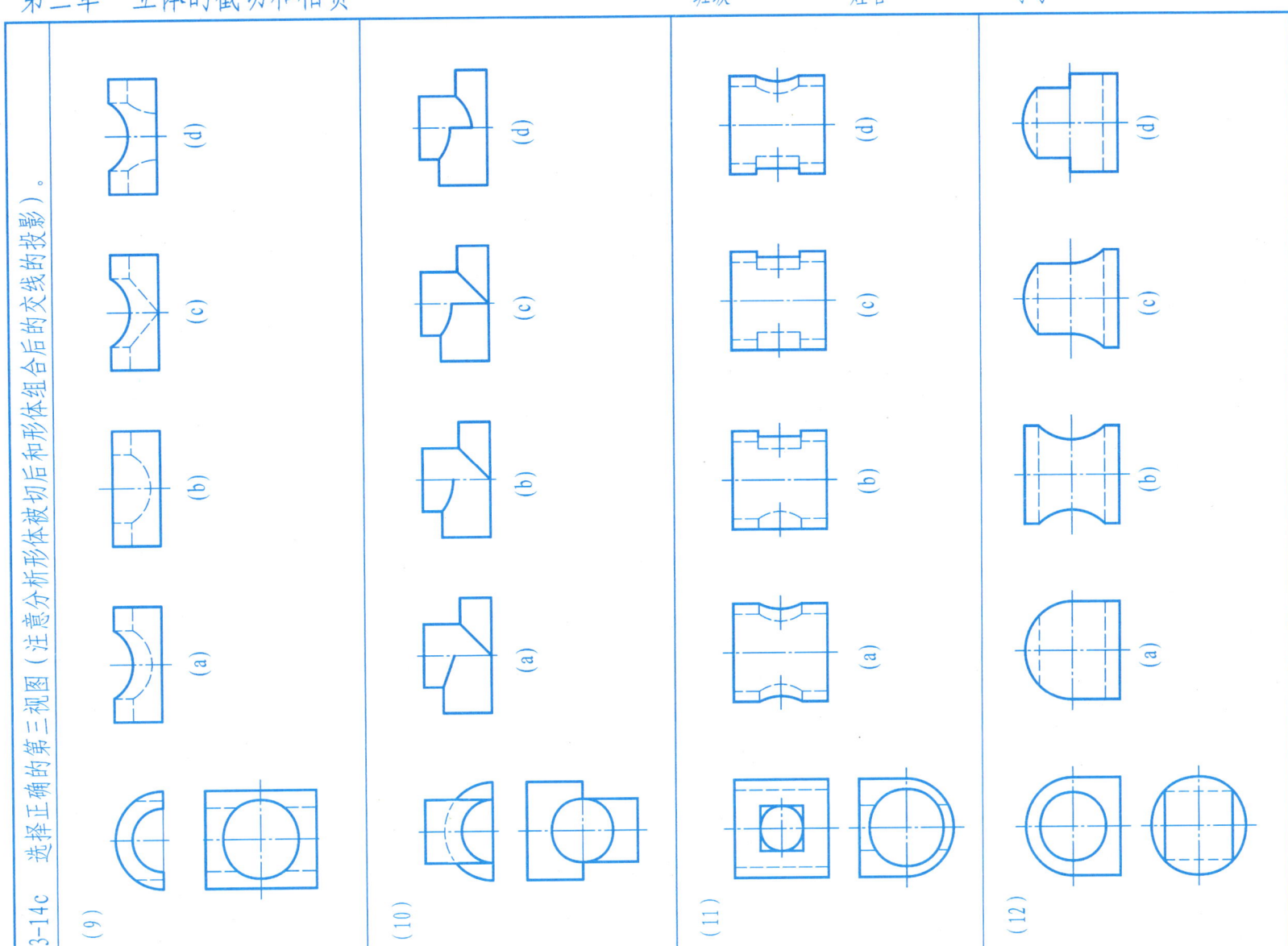

第四章 组合体

4-1 分析下列三视图，辨认其相应的立体图，并在空圈内填上相应三视图的编号。

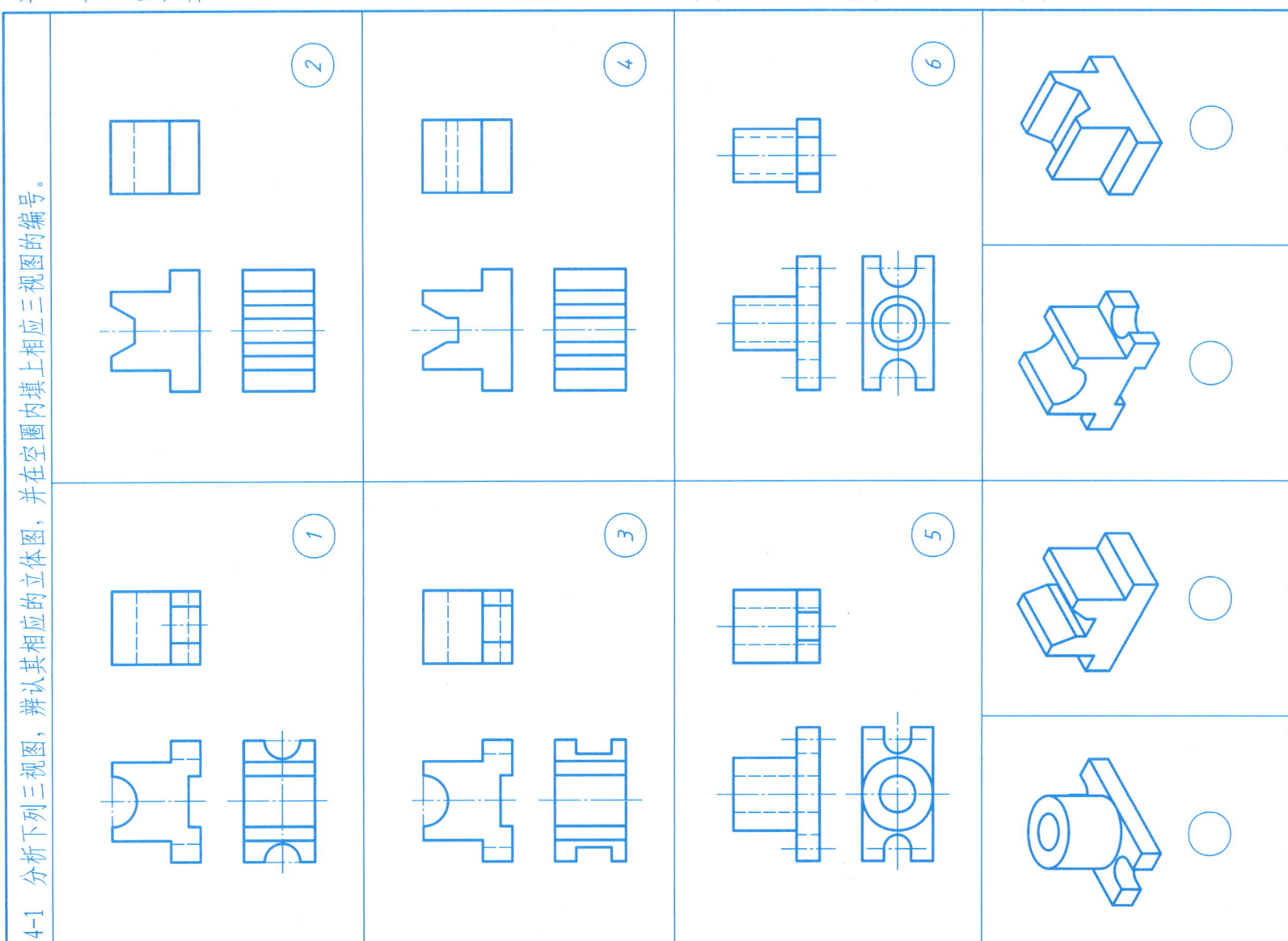

第四章 组合体

4-2 由立体图找出对应的三视图。

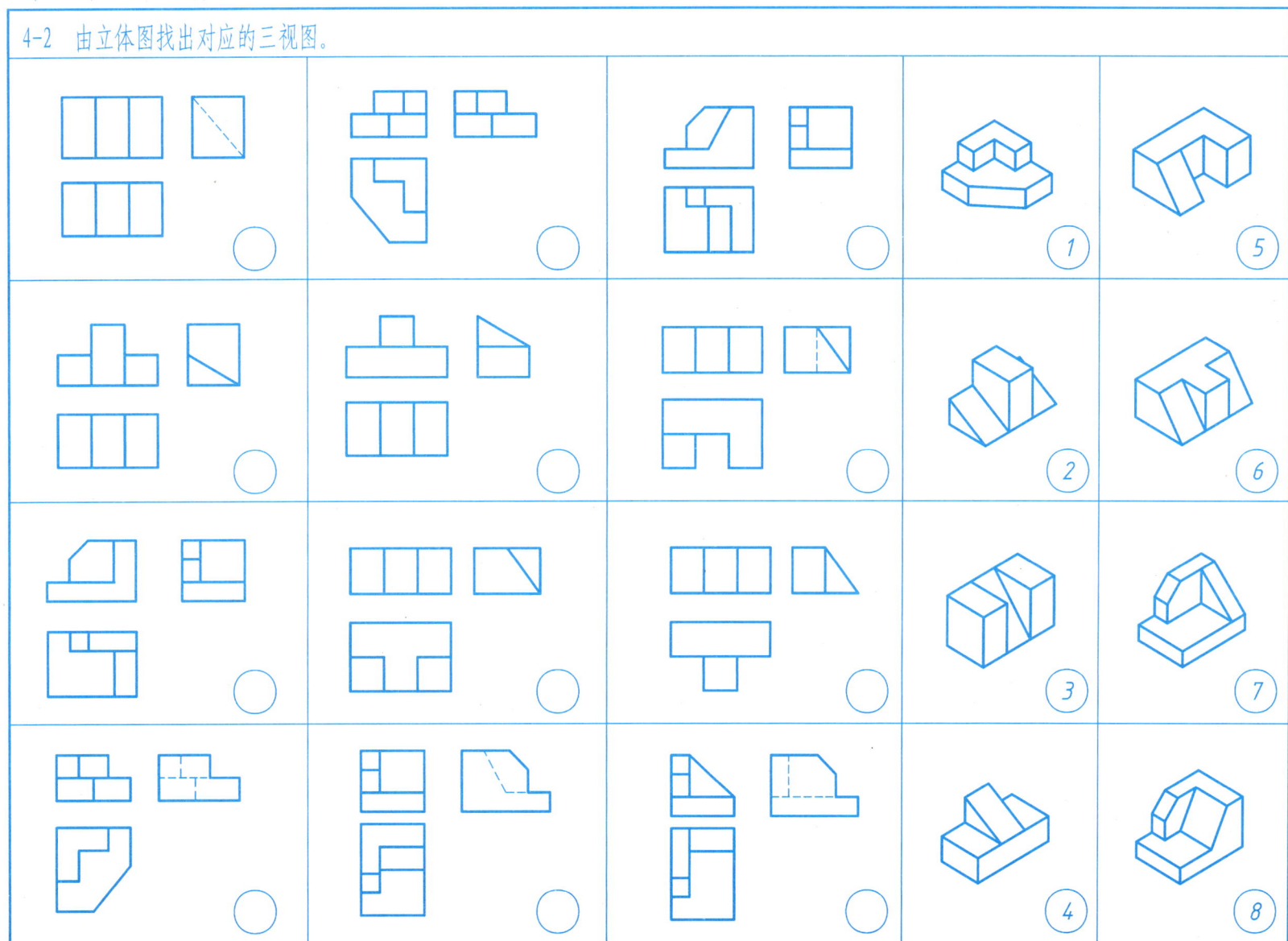

第四章 组合体

4-3a 对照立体图，根据二视图补画第三视图。

(1) 补画左视图。

(2) 补画左视图。

(3) 补画俯视图。

(4) 补画主视图。

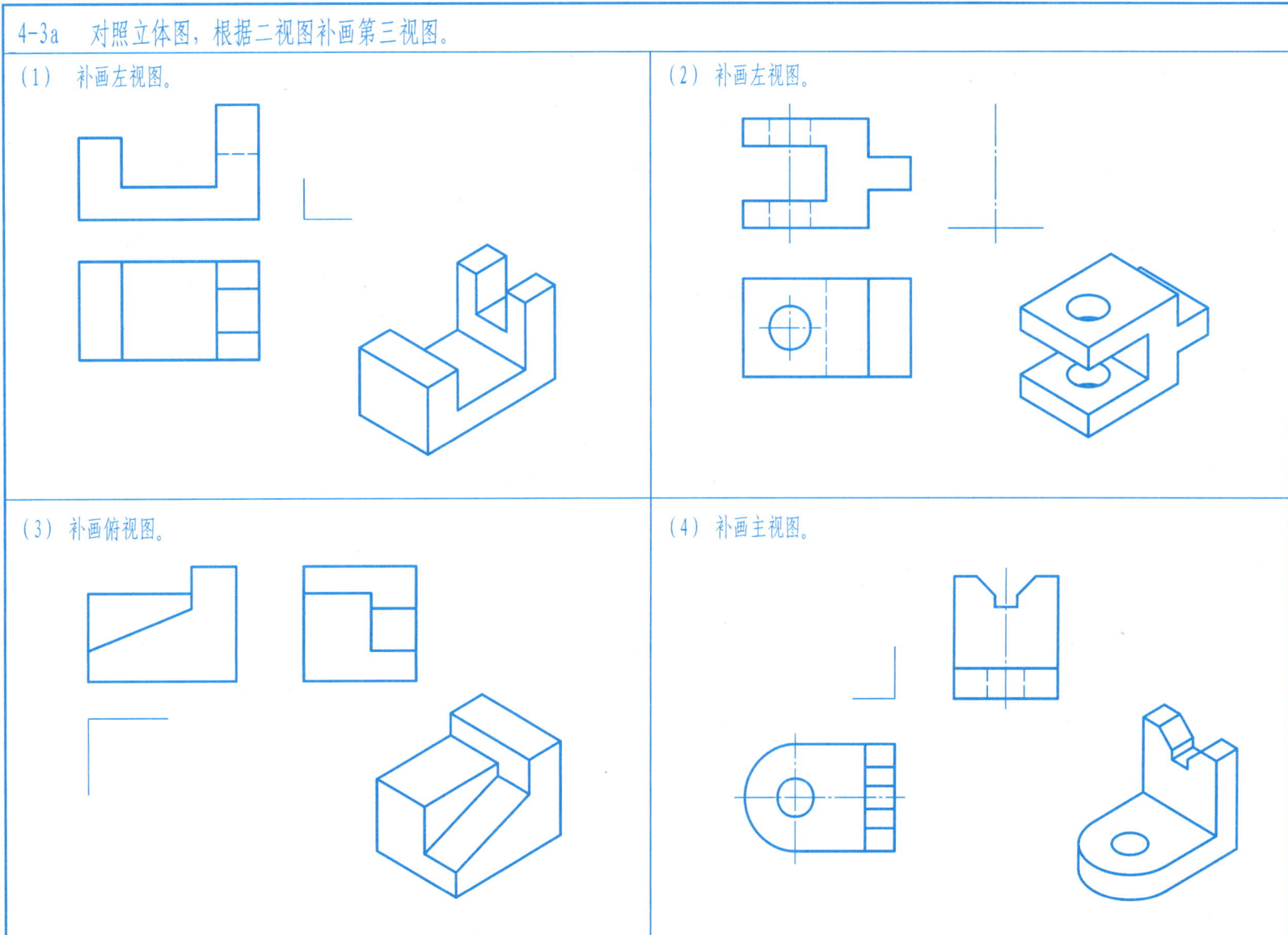

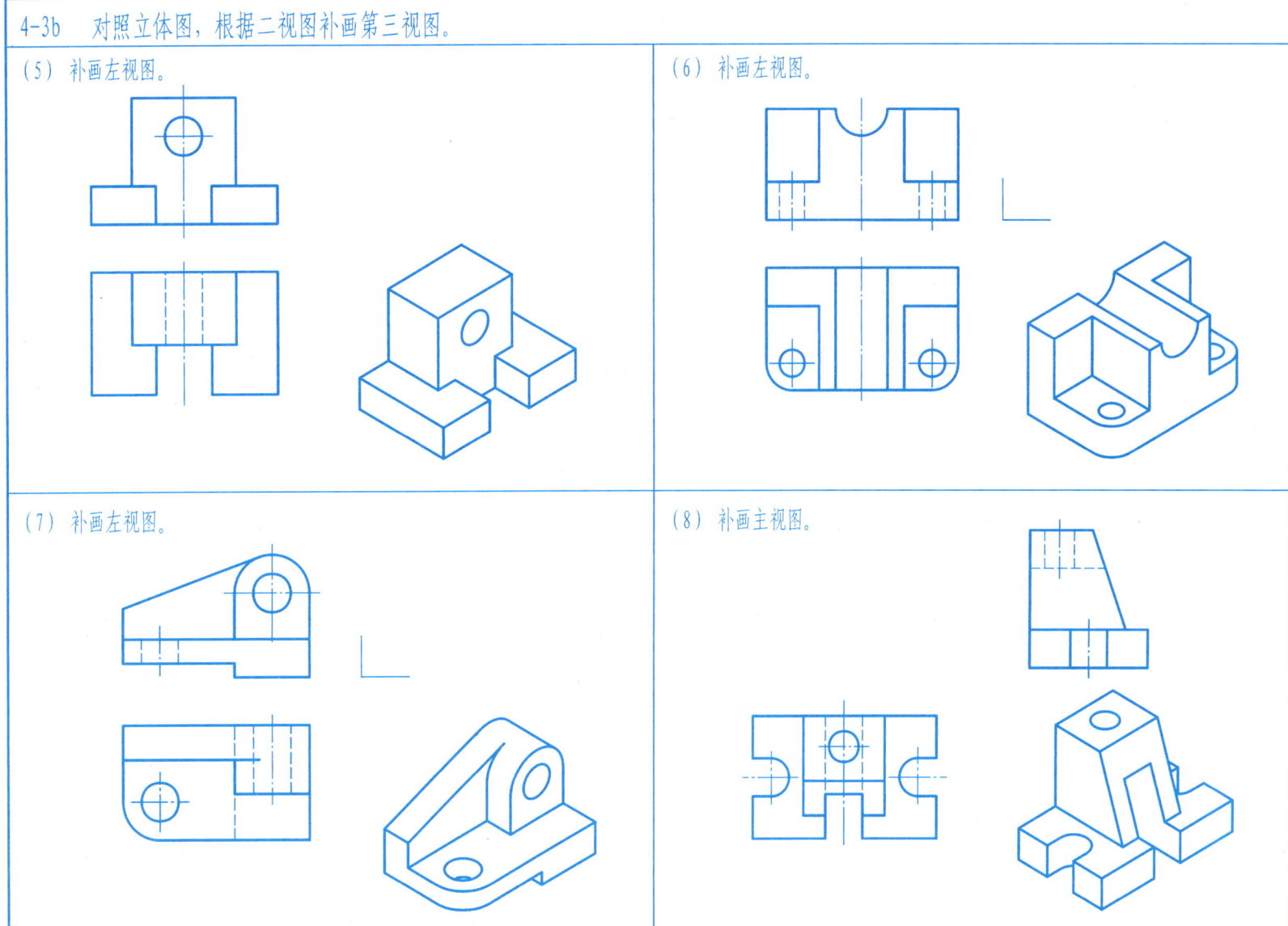

第四章 组合体   班级　　姓名　　学号

4-4 根据立体图及其尺寸画三视图。

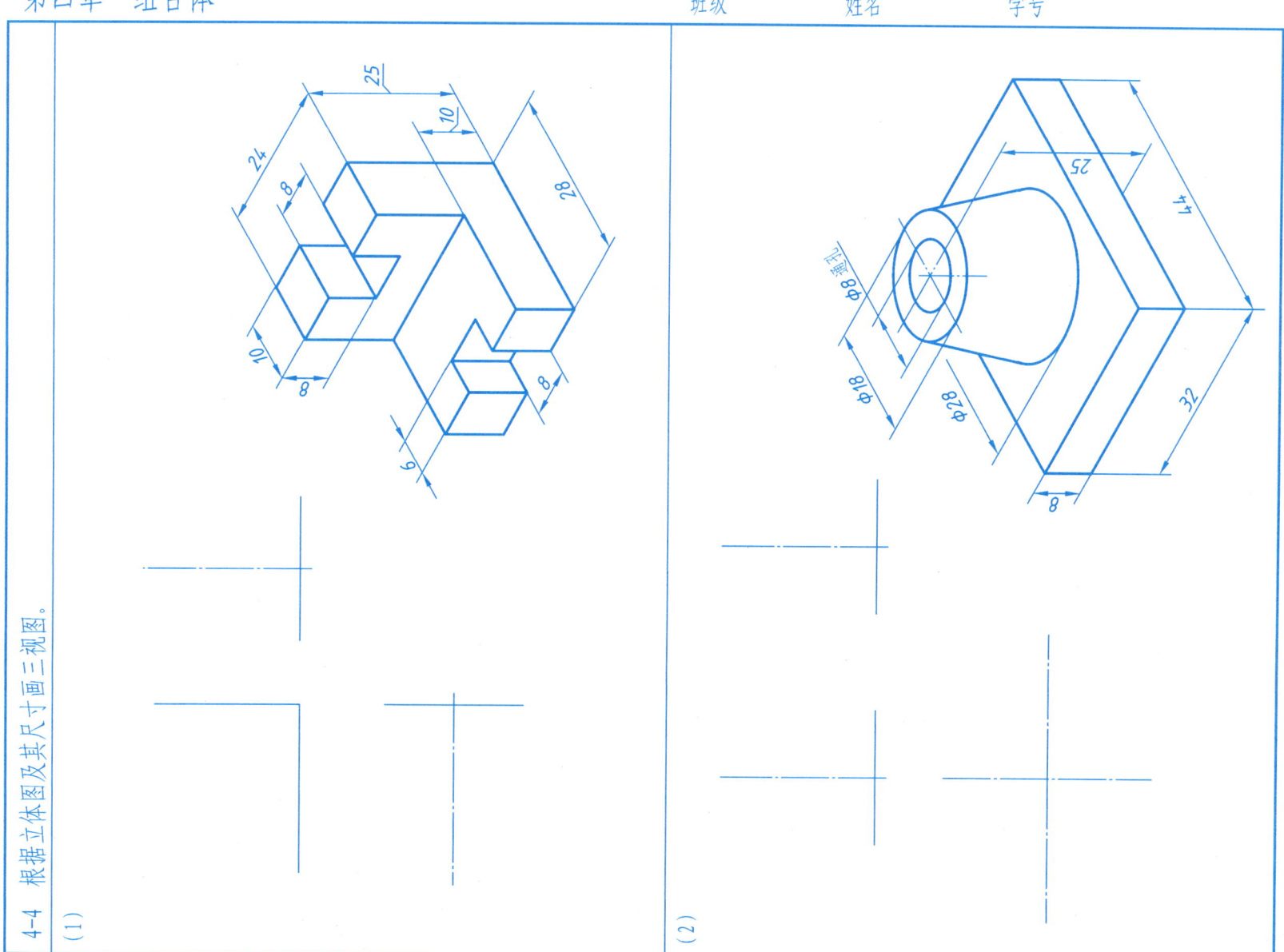

(1)　　　(2)

第四章 组合体

4-5 根据物体的立体图画出其三视图，并标注尺寸。

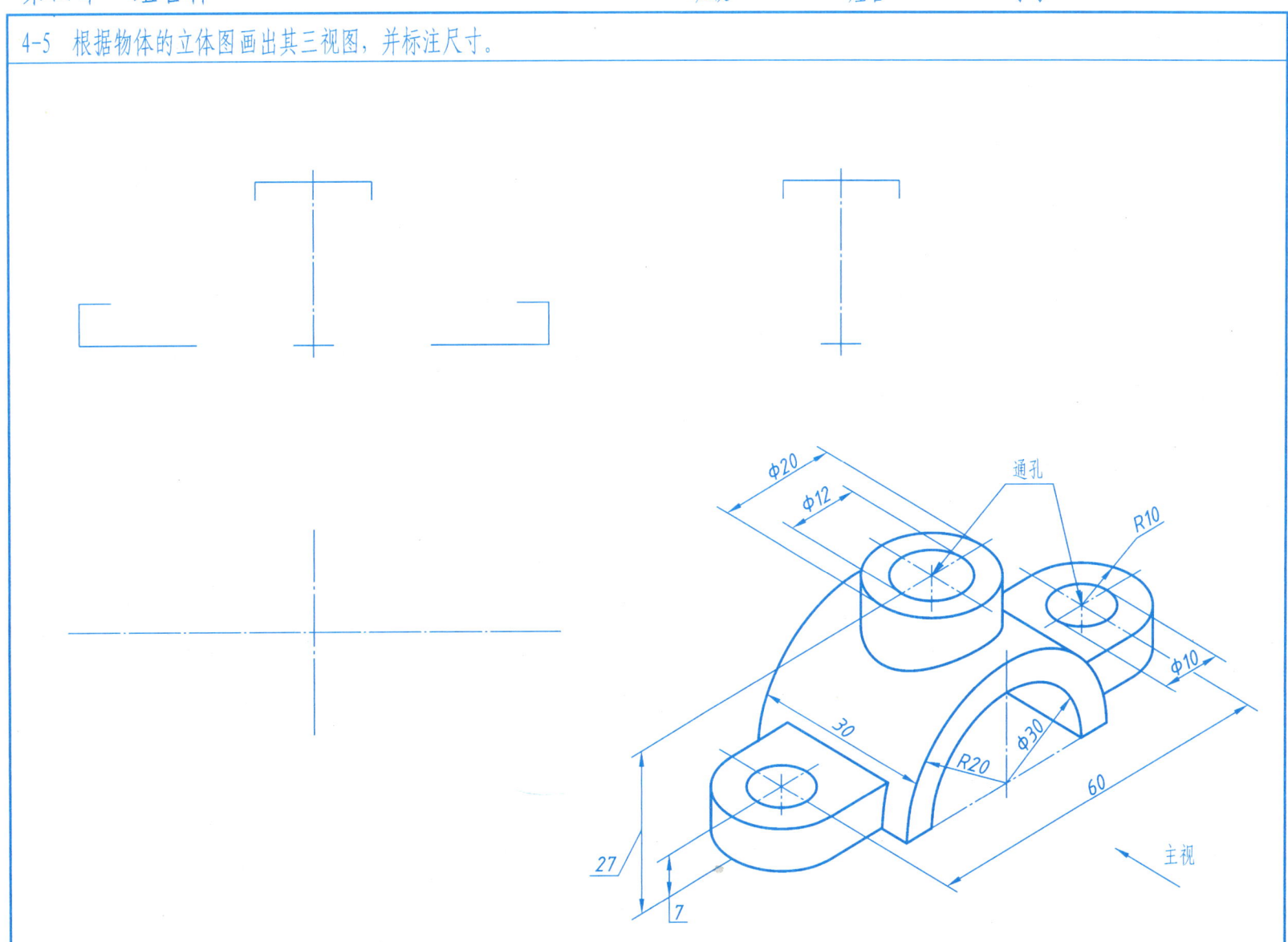

第四章 组合体

4-6 自选一个立体图，在 A4 图纸上画三视图并注写尺寸，图号分别为0401、0402，名称：三视图。

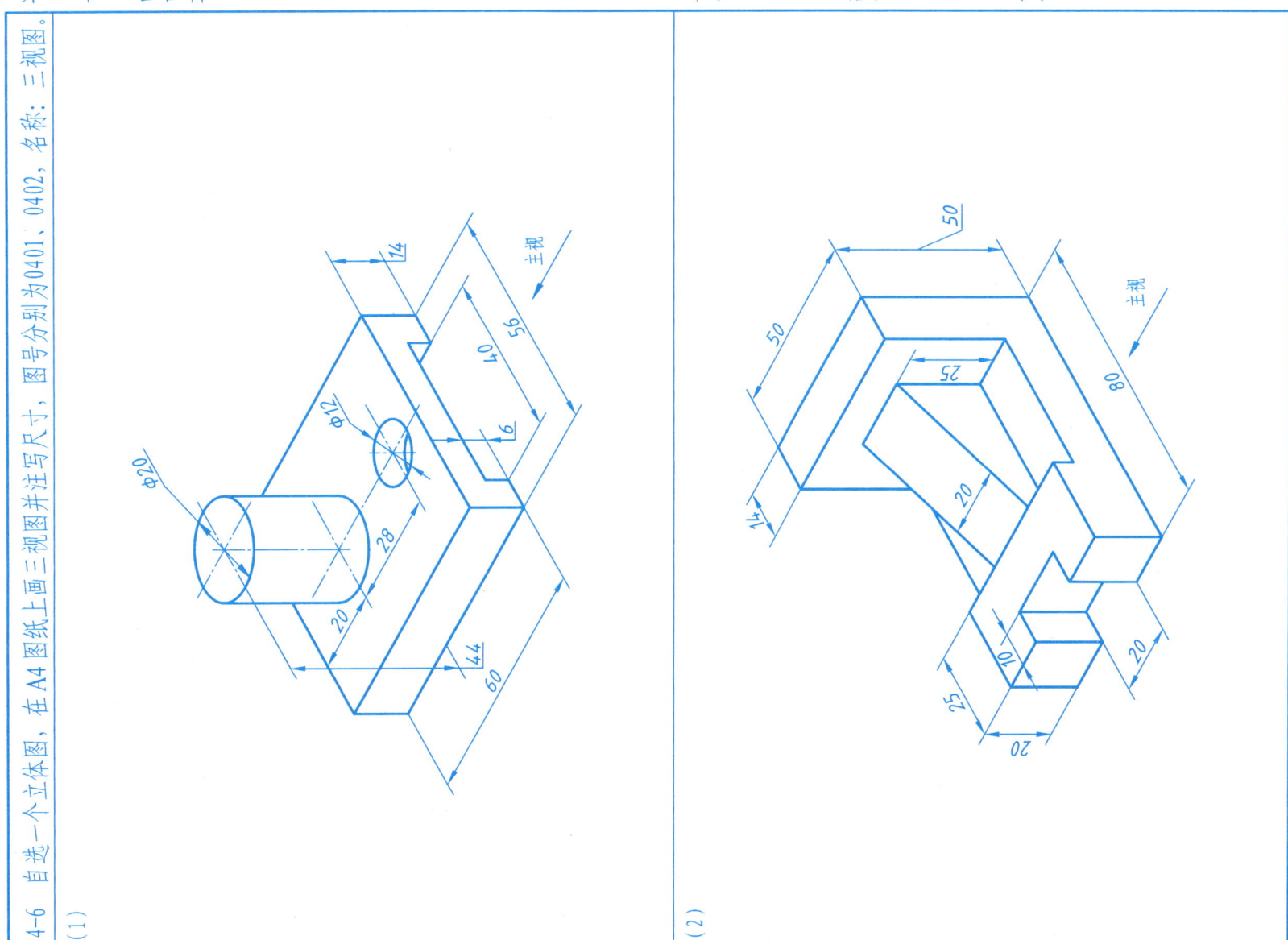

(1)　　(2)

| 第四章　组合体 | 班级　　姓名　　学号 |

4-7 自选一个立体图，在A4图纸上画三视图并注写尺寸，图号分别为0403、0404，名称：三视图。

(1)　(2)

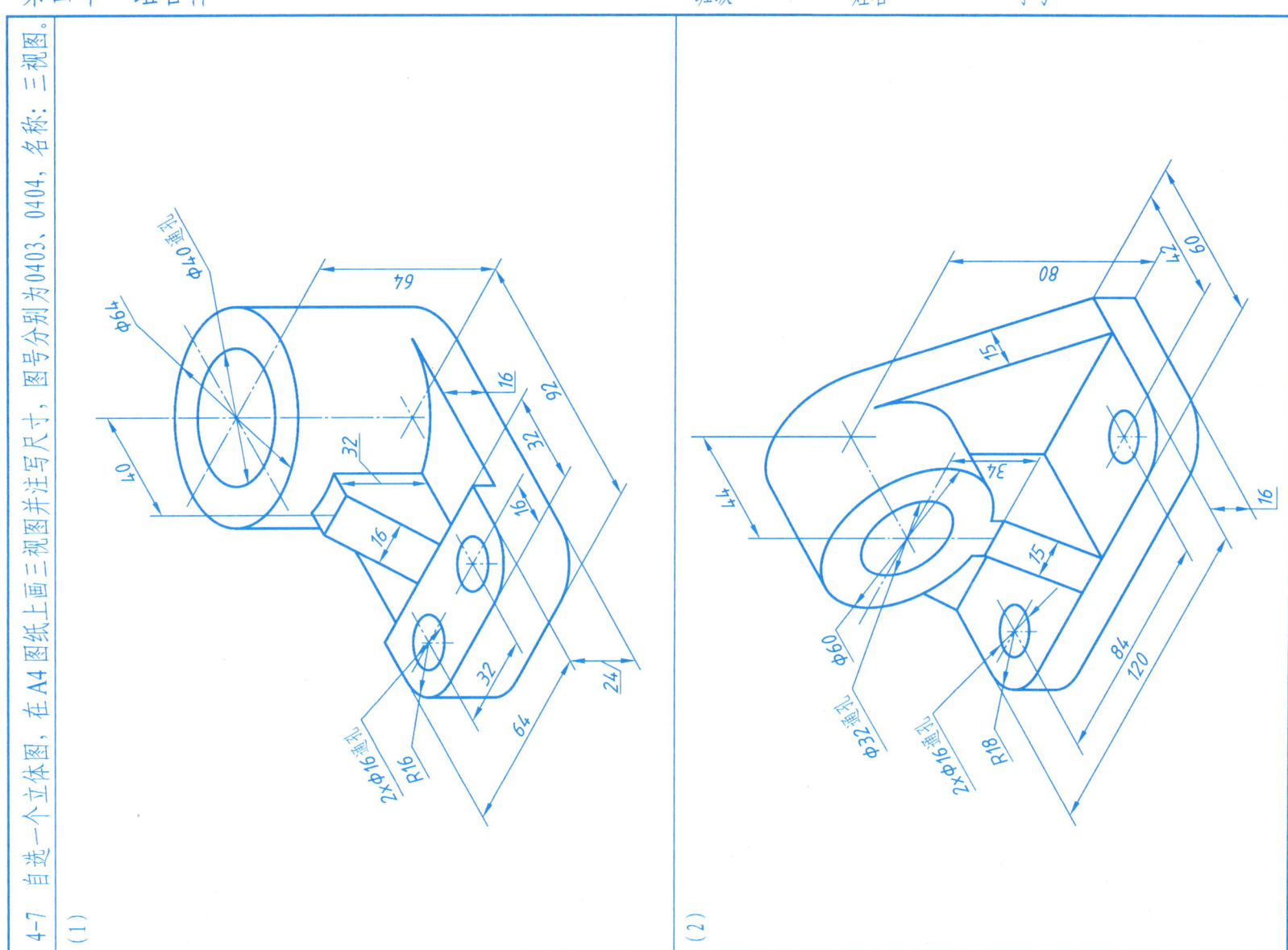

第四章 组合体

4-8 对照立体图，补全三视图中所缺的图线。

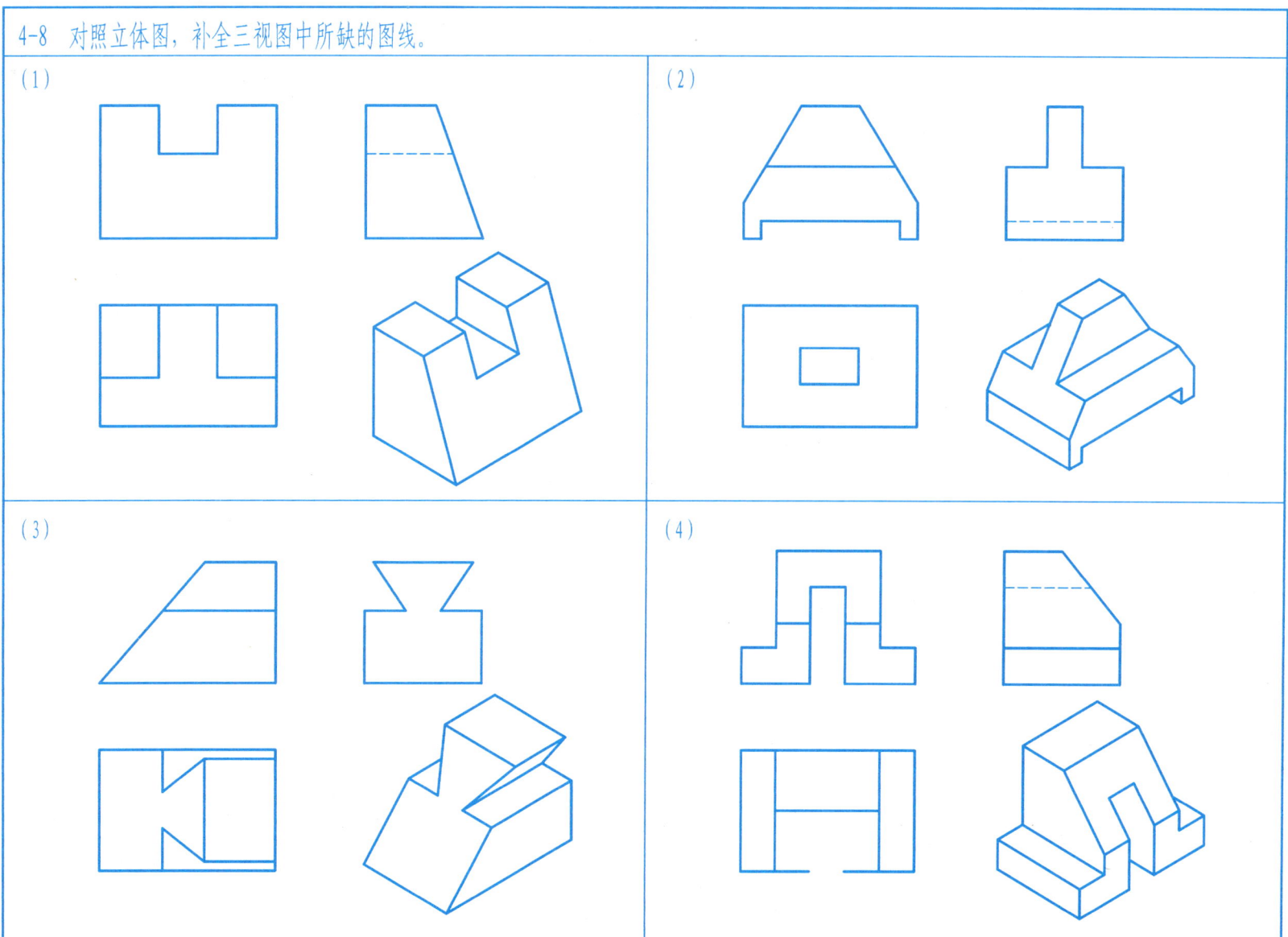

第四章 组合体

4-9 补全三视图中所缺的图线。

(1)

(2)

(3)

(4)

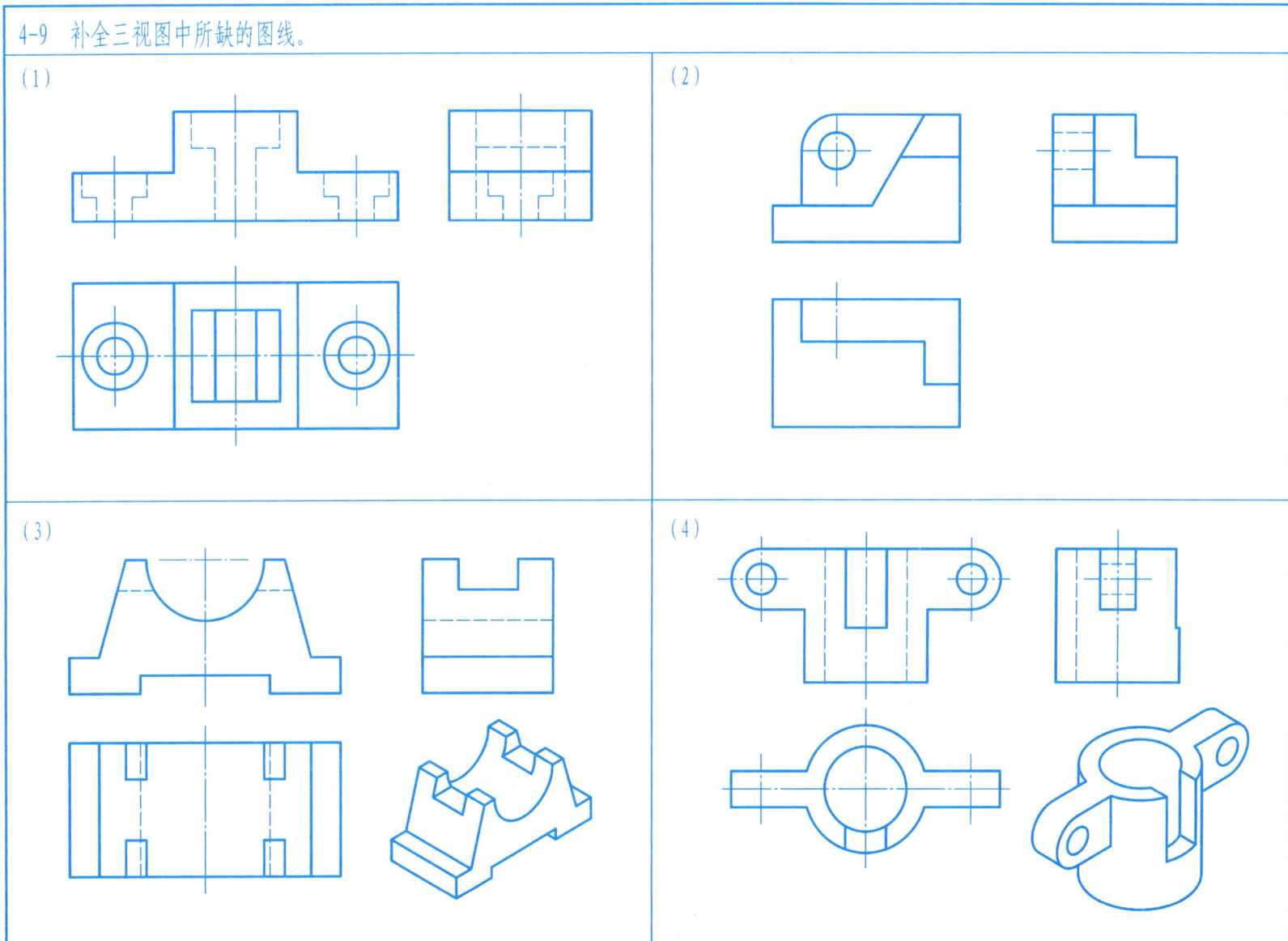

第四章 组合体   班级　　姓名　　学号

4-10 根据俯视图补画主视图的缺线。

(1)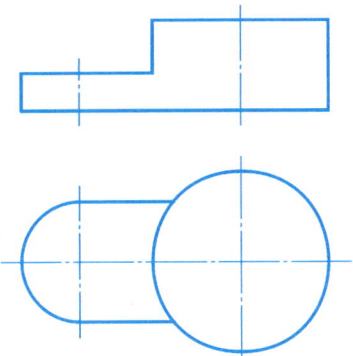
(2)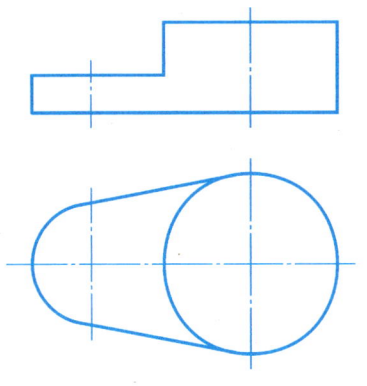
(3)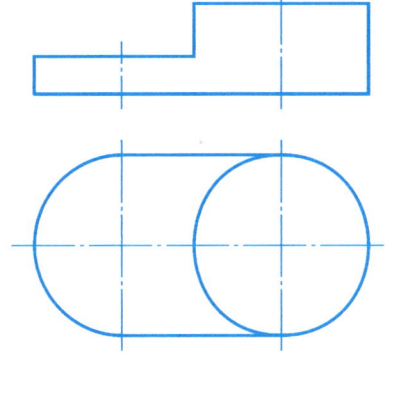

4-11 根据主视图、俯视图，补齐左视图的缺线。

(1)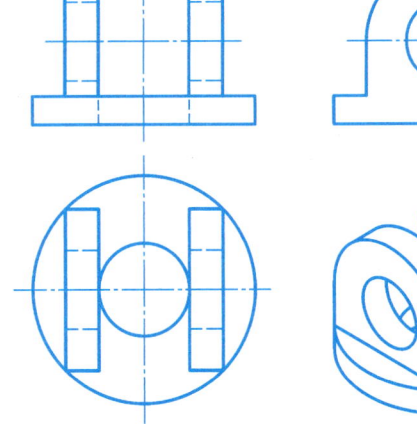
(2)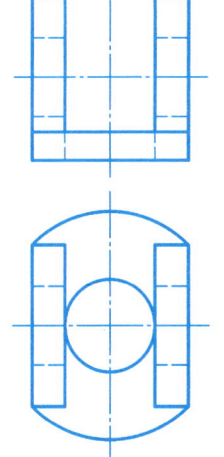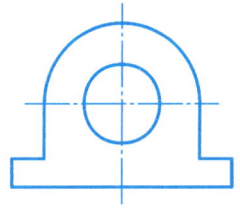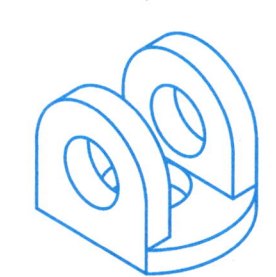

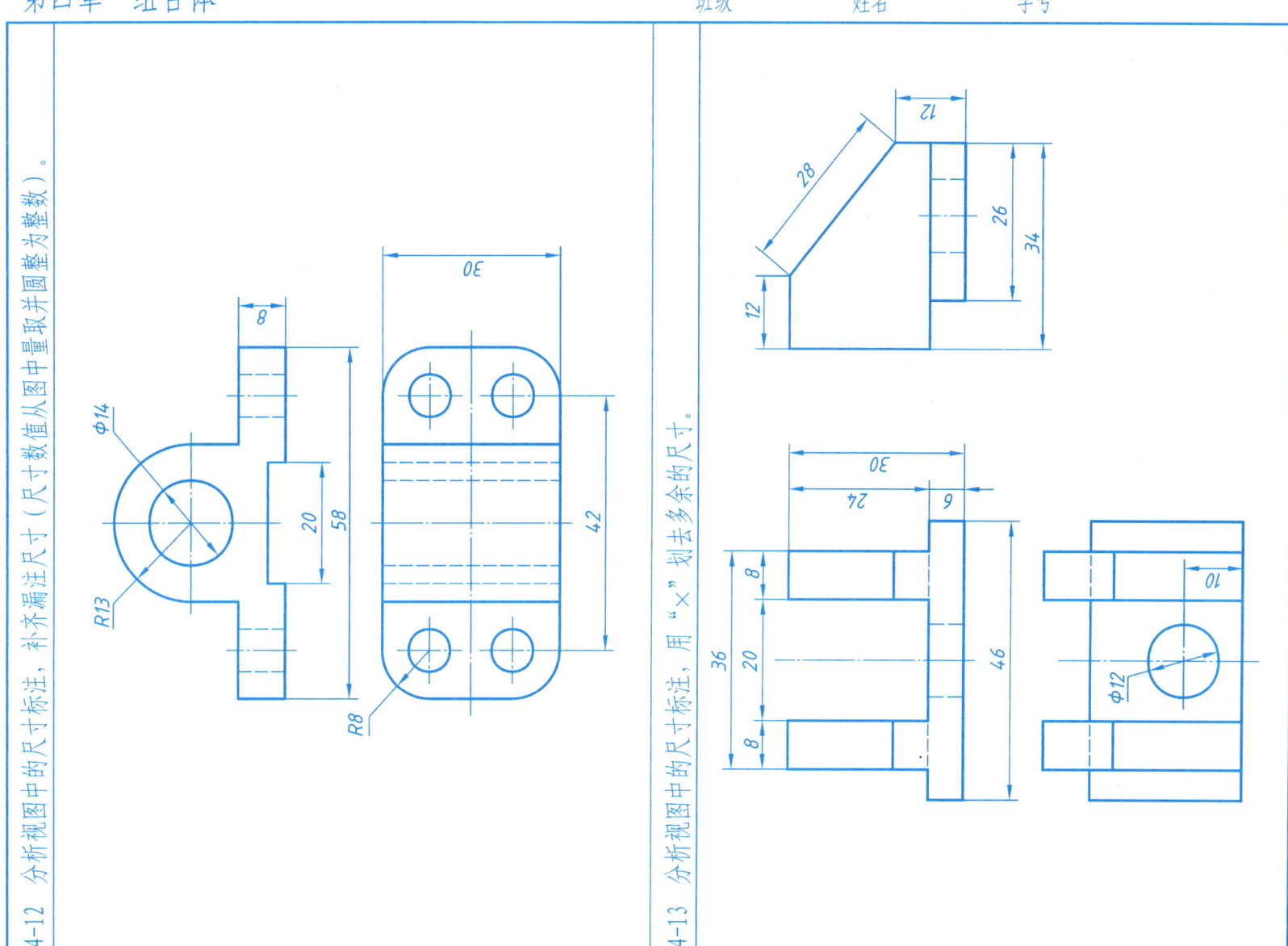

第四章 组合体

班级　　　姓名　　　学号

4-14 标注下列组合体尺寸（尺寸数值从图中量取并圆整为整数）。

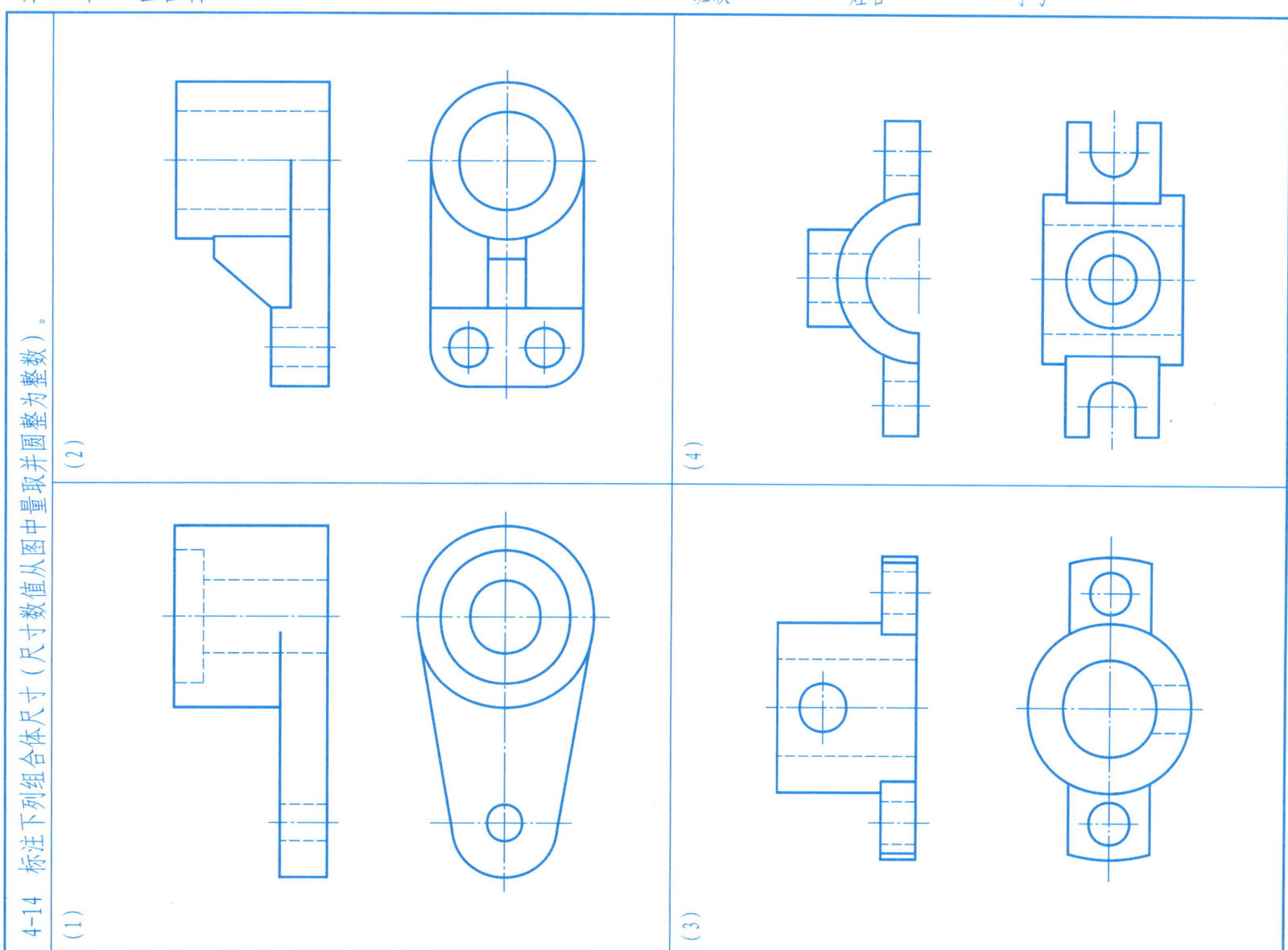

(1)　(2)　(3)　(4)

第四章 组合体

4-15 标注下列组合体尺寸（尺寸数值从图中量取并圆整为整数）。

(1)

(2)

第四章 组合体

4-16 看懂物体形状,画出第三个视图,并比较各图所表示物体的异同。

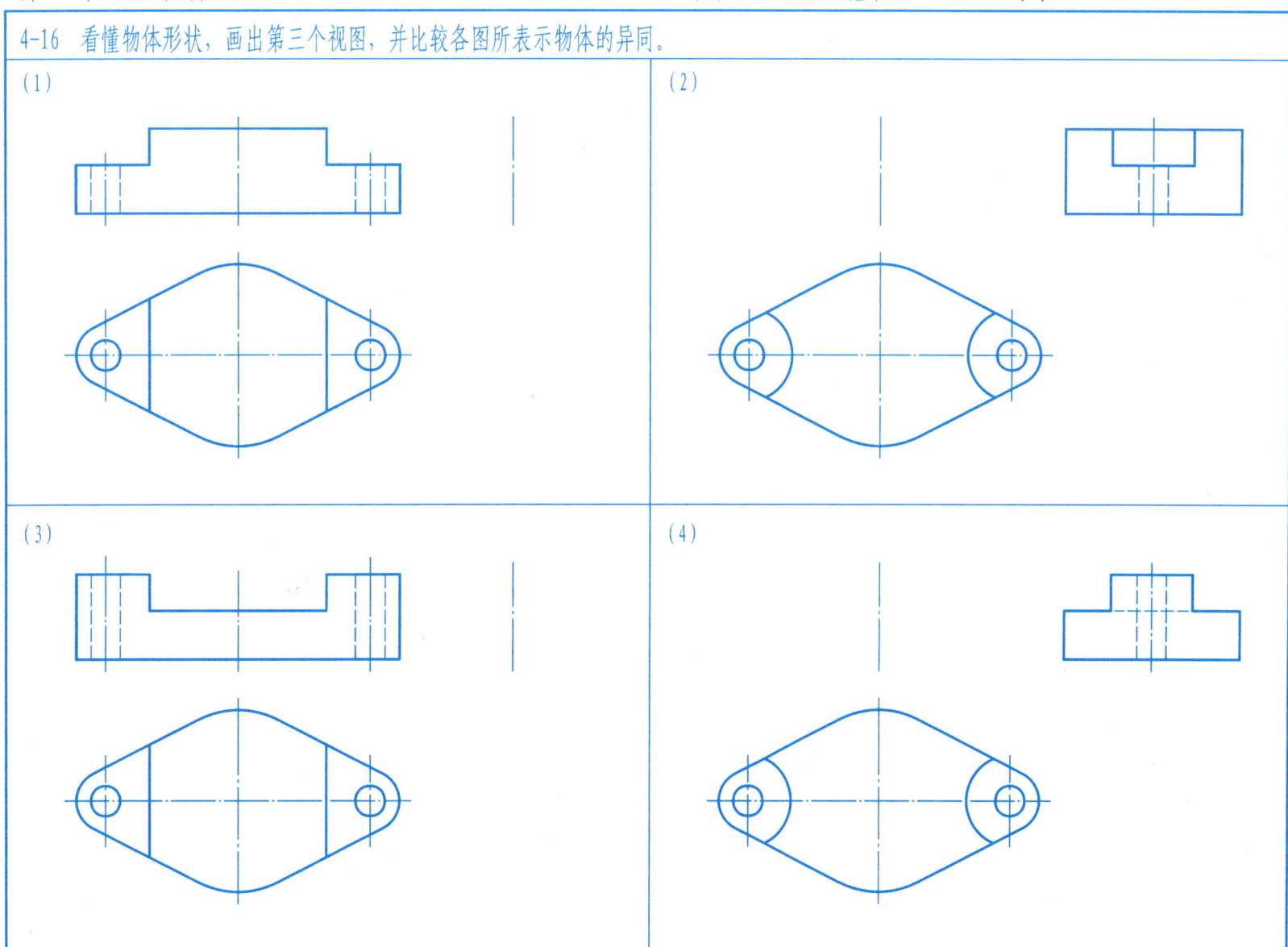

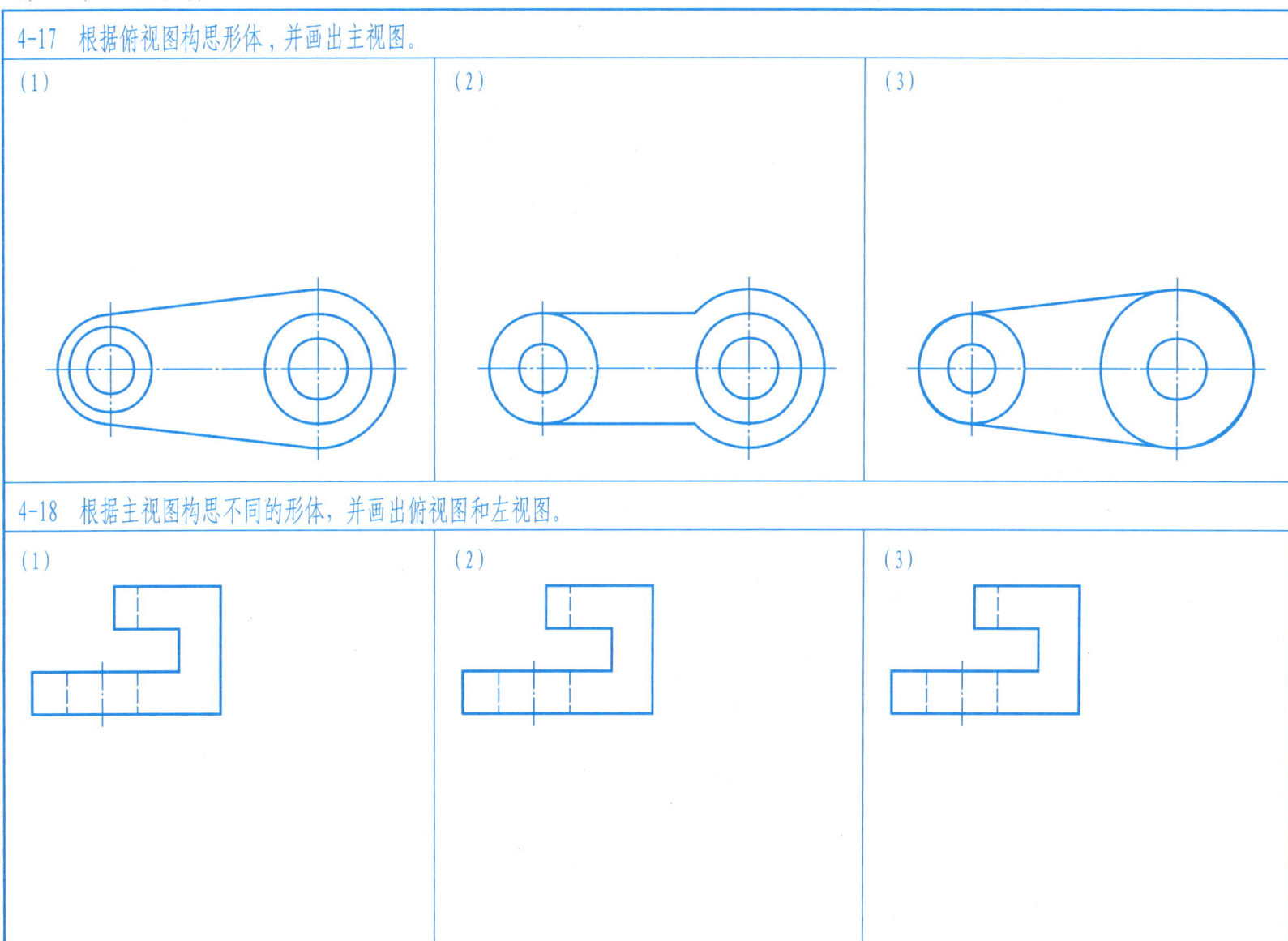

第四章 组合体

班级　　　姓名　　　学号

4-19a　补画视图中漏缺的投影，按指定的图线和线框标出其他视图上的投影，并回答问题。

(1)

1. A 面是 _____ 面；
2. B 面是 _____ 面；
3. III 是 _____ 线。

(2)

1. A 面是 _____ 面；
2. B 面是 _____ 面；
3. B 面在 C 面之 _____ 。

(3)

1. A 面是 _____ 面；
2. B 面在 C 面之 _____ ；
3. III 是 _____ 线。

(4)

1. A 面是 _____ 面；
2. B 面是 _____ 面；
3. B 面在 A 面之 _____ 。

第四章 组合体

4-19b 补画视图中漏缺的投影，按指定的图线和线框标出其他视图上的投影，并回答问题。

（5）

1. A 面是 _____ 面；
2. B 面是 _____ 面；
3. Ⅲ 是 _____ 线。

（6）

1. A 面是 _____ 面；
2. Ⅲ 是 _____ 线；
3. B 面在 C 面之 _____ 。

（7）

1. A 面是 _____ 面；
2. B 面是 _____ 面；
3. Ⅲ 是 _____ 线。

（8）

1. A 面是 _____ 面；
2. B 面是 _____ 面；
3. Ⅲ 是 _____ 线。

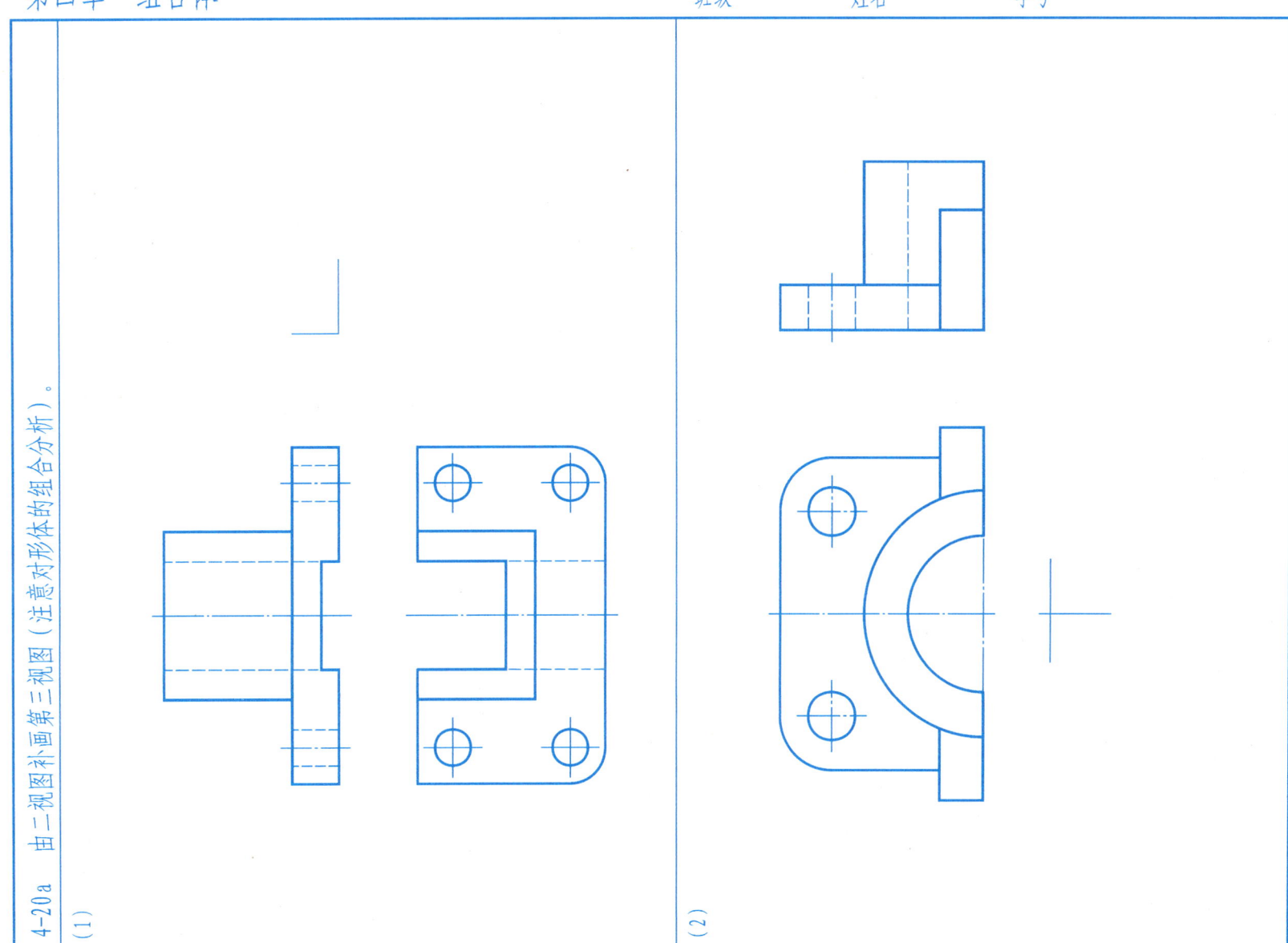

第四章 组合体

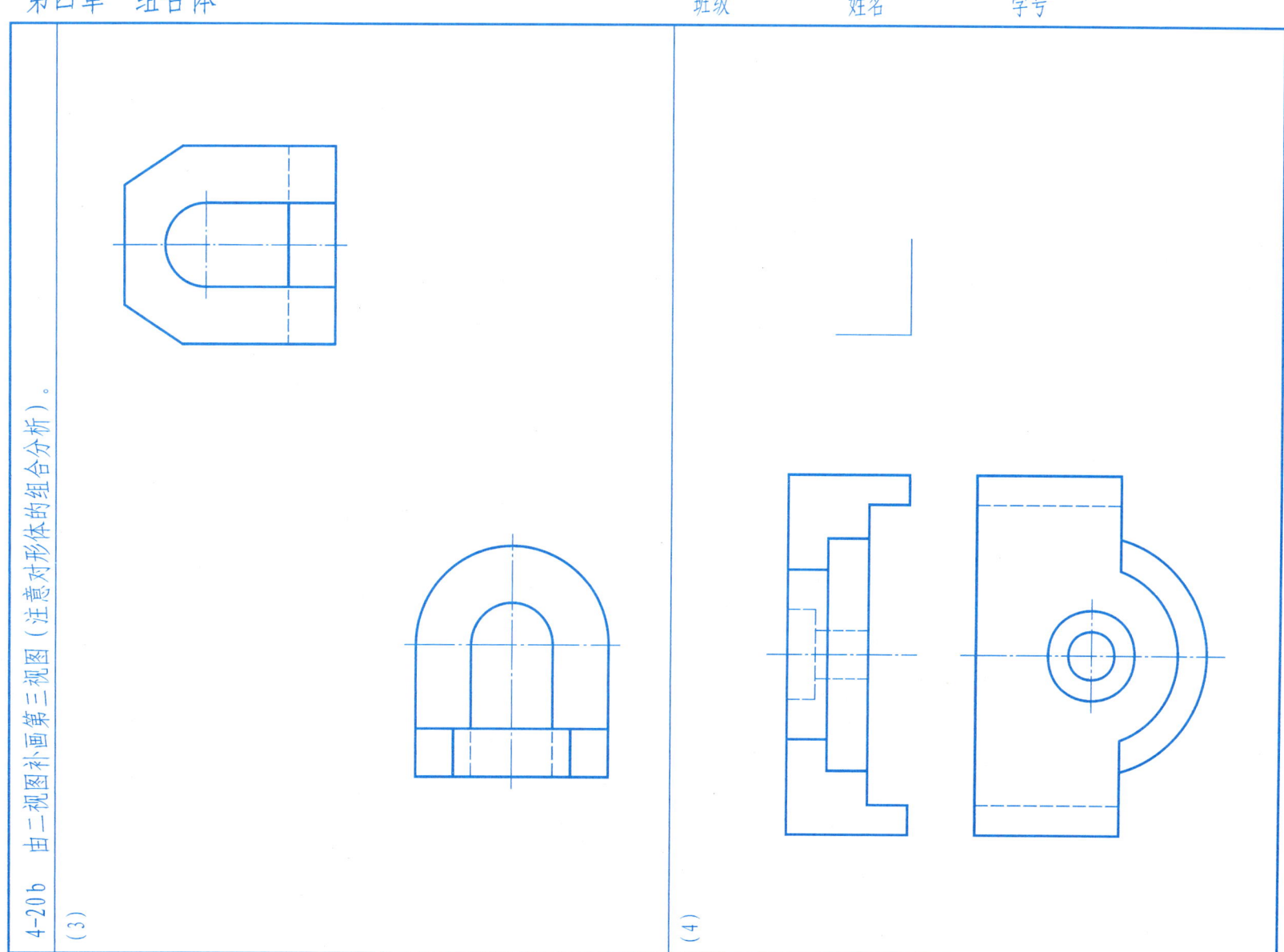

4-20b 由二视图补画第三视图（注意对形体的组合分析）。

(3) (4)

第四章 组合体

班级　　姓名　　学号

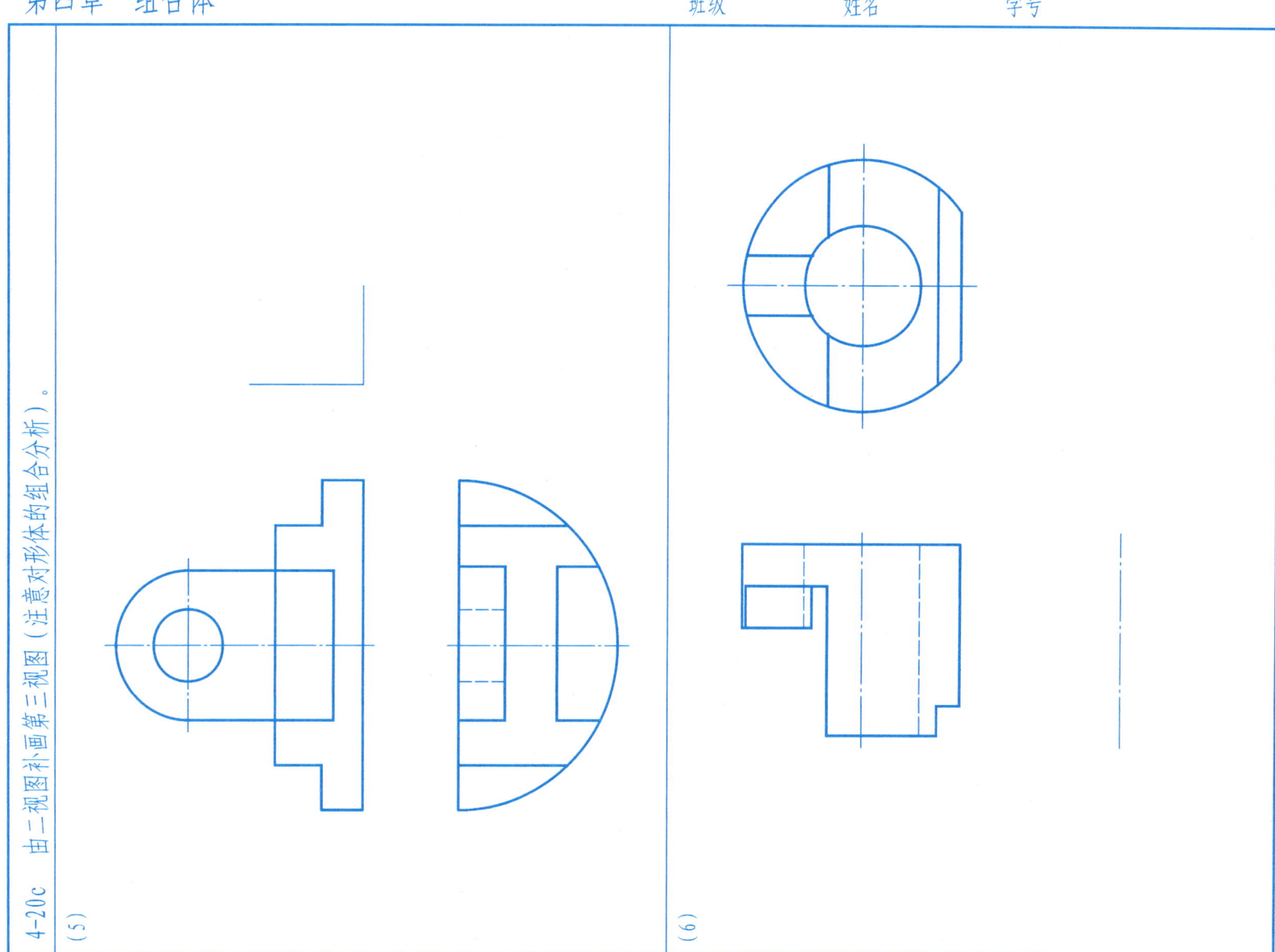

4-20c 由二视图补画第三视图（注意对形体的组合分析）。

(5)

(6)

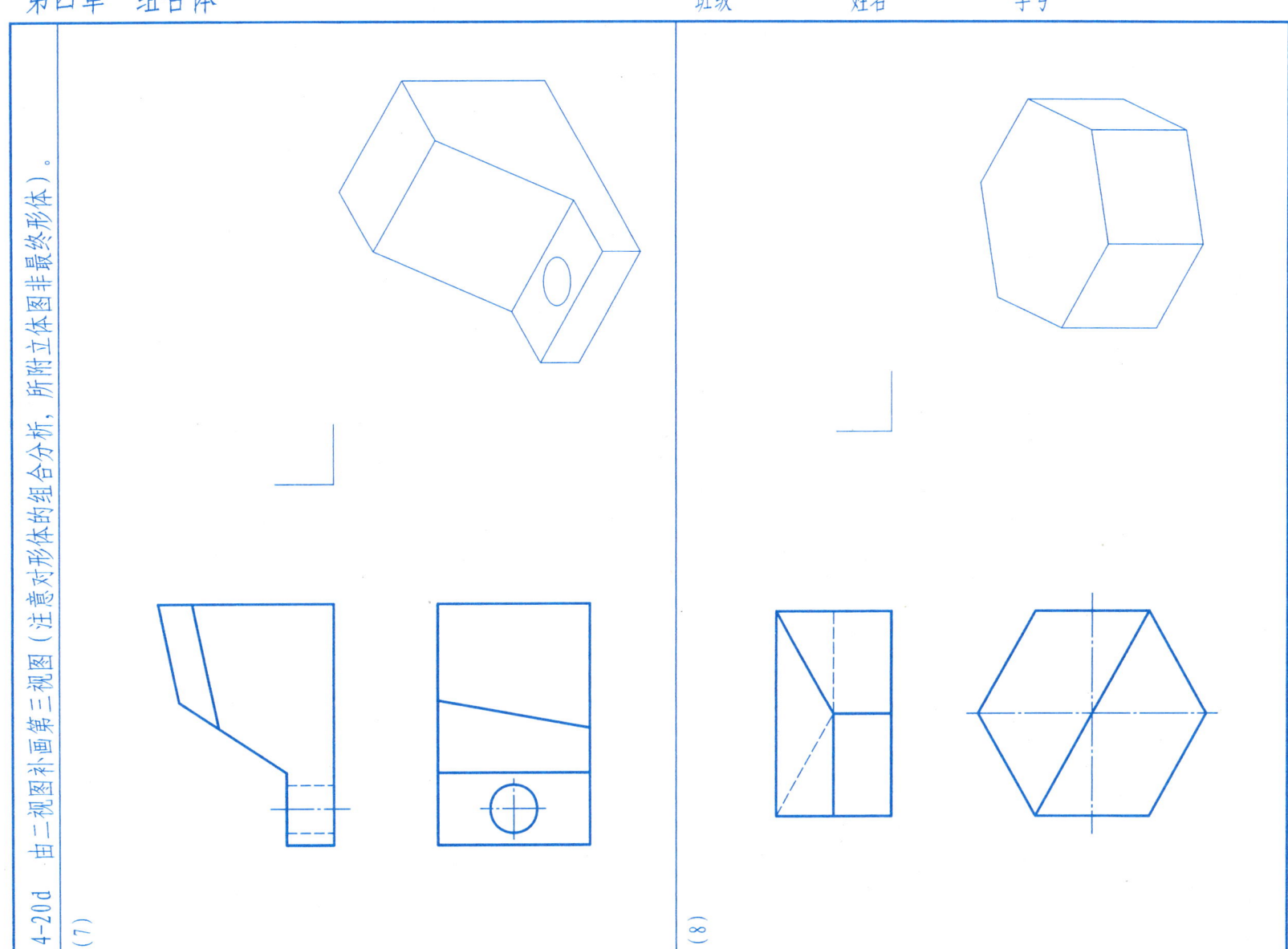

第四章 组合体

班级　　　姓名　　　学号

4-20e 由二视图补画第三视图（注意对形体的组合分析，所附立体图非最终形体）。

(9)

(10)

第五章 轴测投影   班级   姓名   学号

5-1 根据已知视图画正等轴测图。

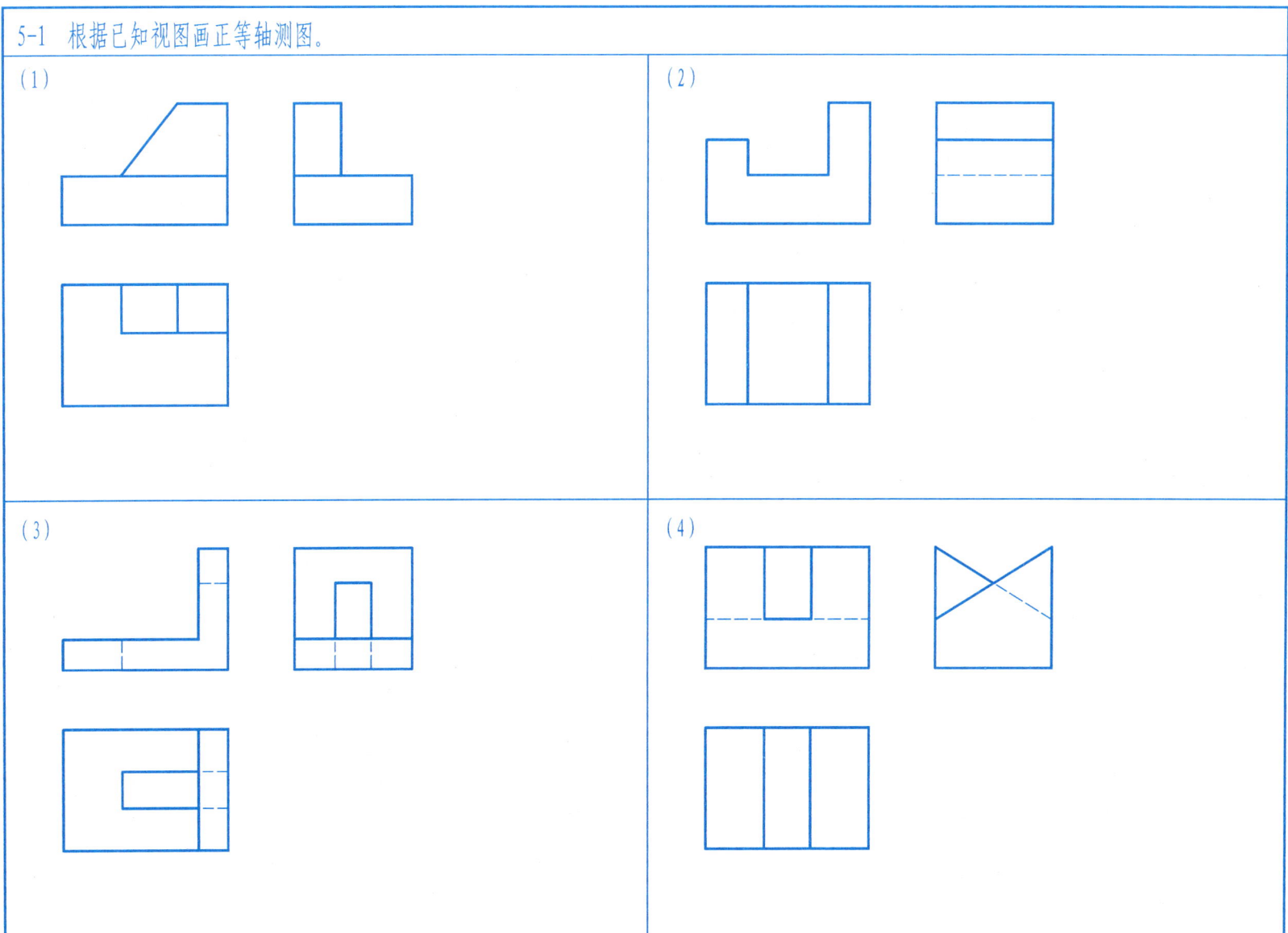

第五章 轴测投影

班级　　　姓名　　　学号

5-2 根据已知视图画正等轴测图。

(1)

(2)

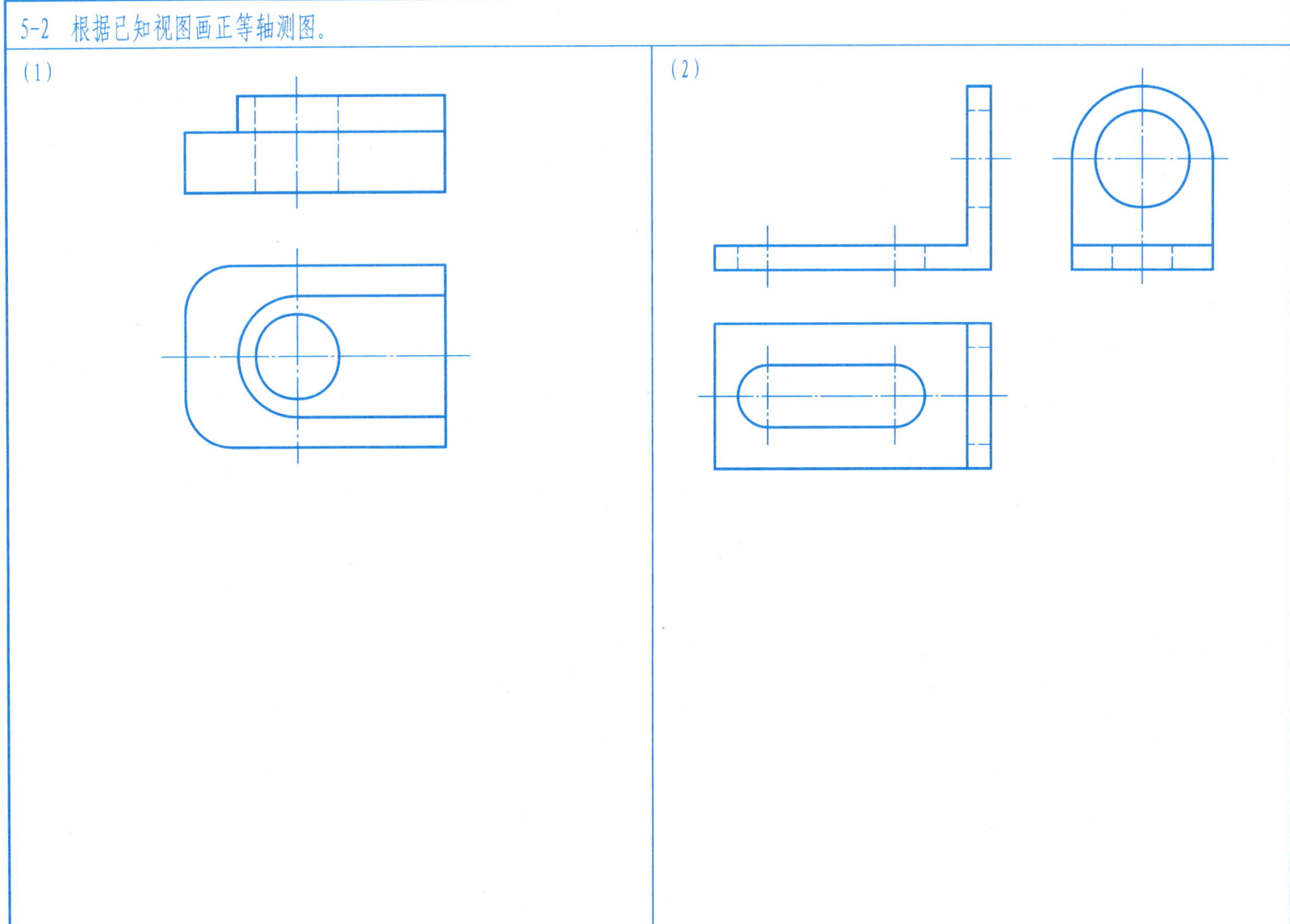

第六章 机件的常用表达方法

班级　　　姓名　　　学号

6-1 根据主视图、俯视图、左视图，补画右视图、仰视图、后视图。

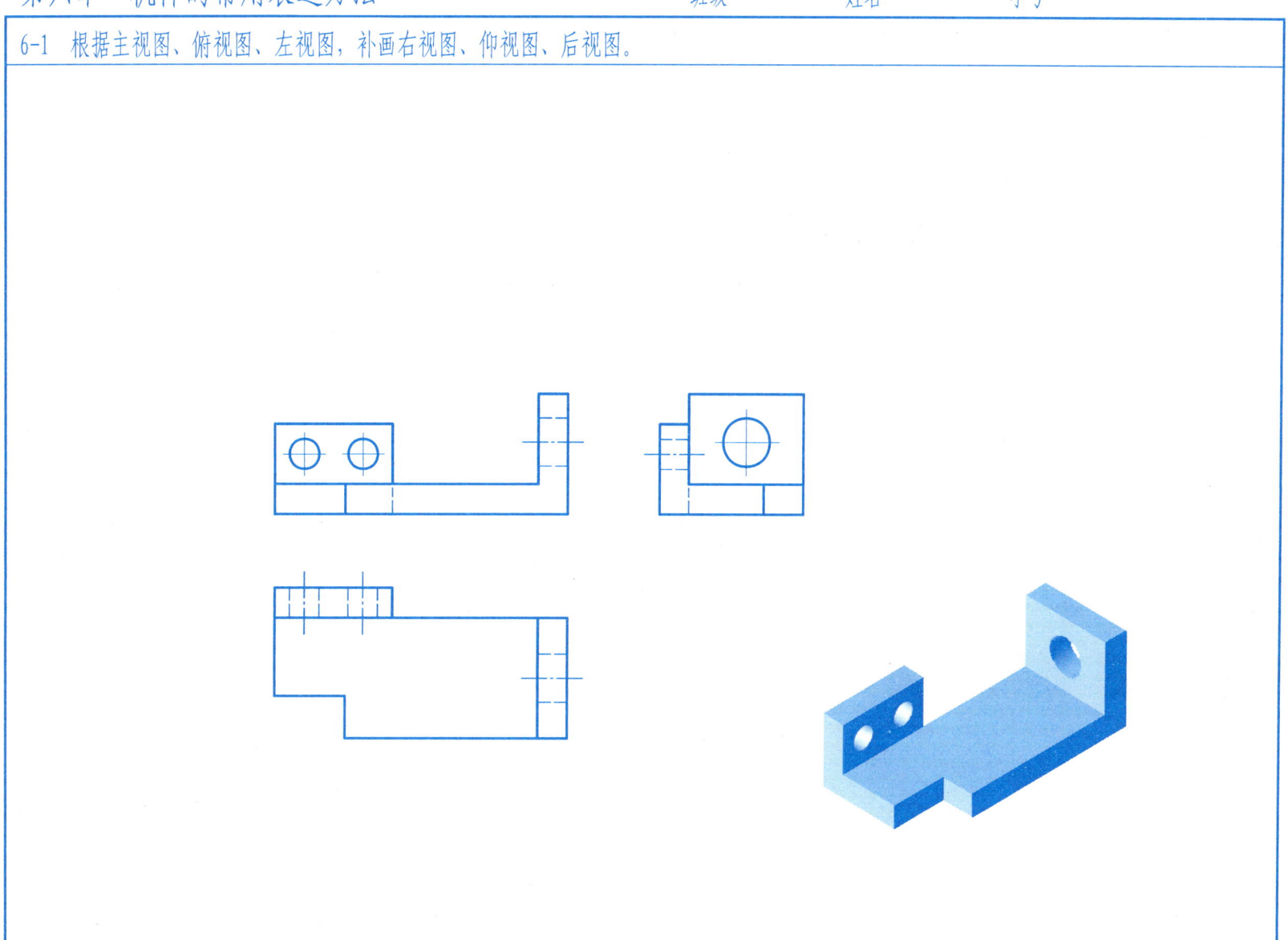

47

第六章 机件的常用表达方法

班级　　　姓名　　　学号

6-2 求作局部视图和斜视图。

(1) 求作 A 向局部视图。

(2) 求作 A 向局部视图和 B 向斜视图。

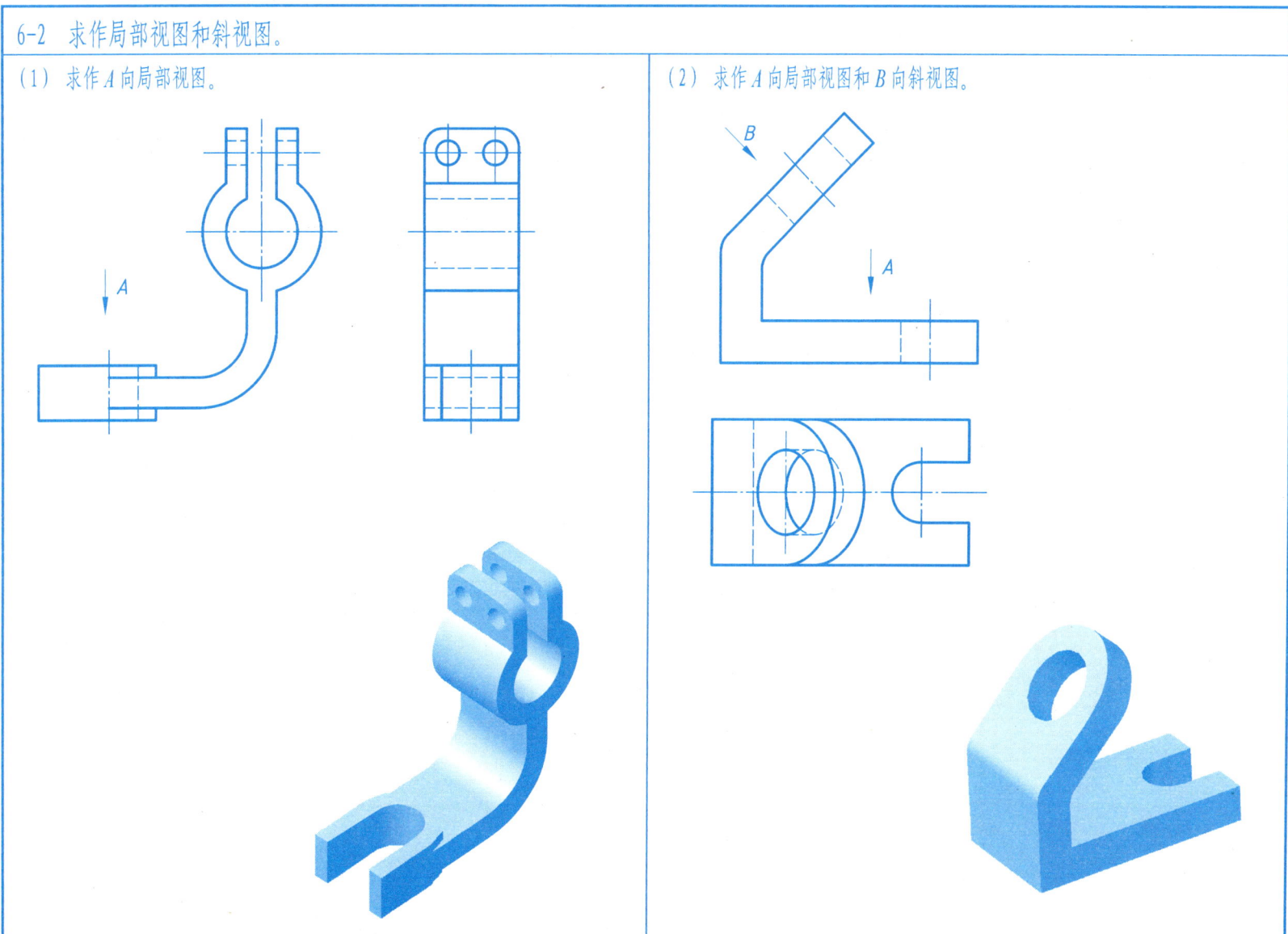

48

第六章 机件的常用表达方法

班级　　　姓名　　　学号

6-3 补画剖视图中所缺的图线。

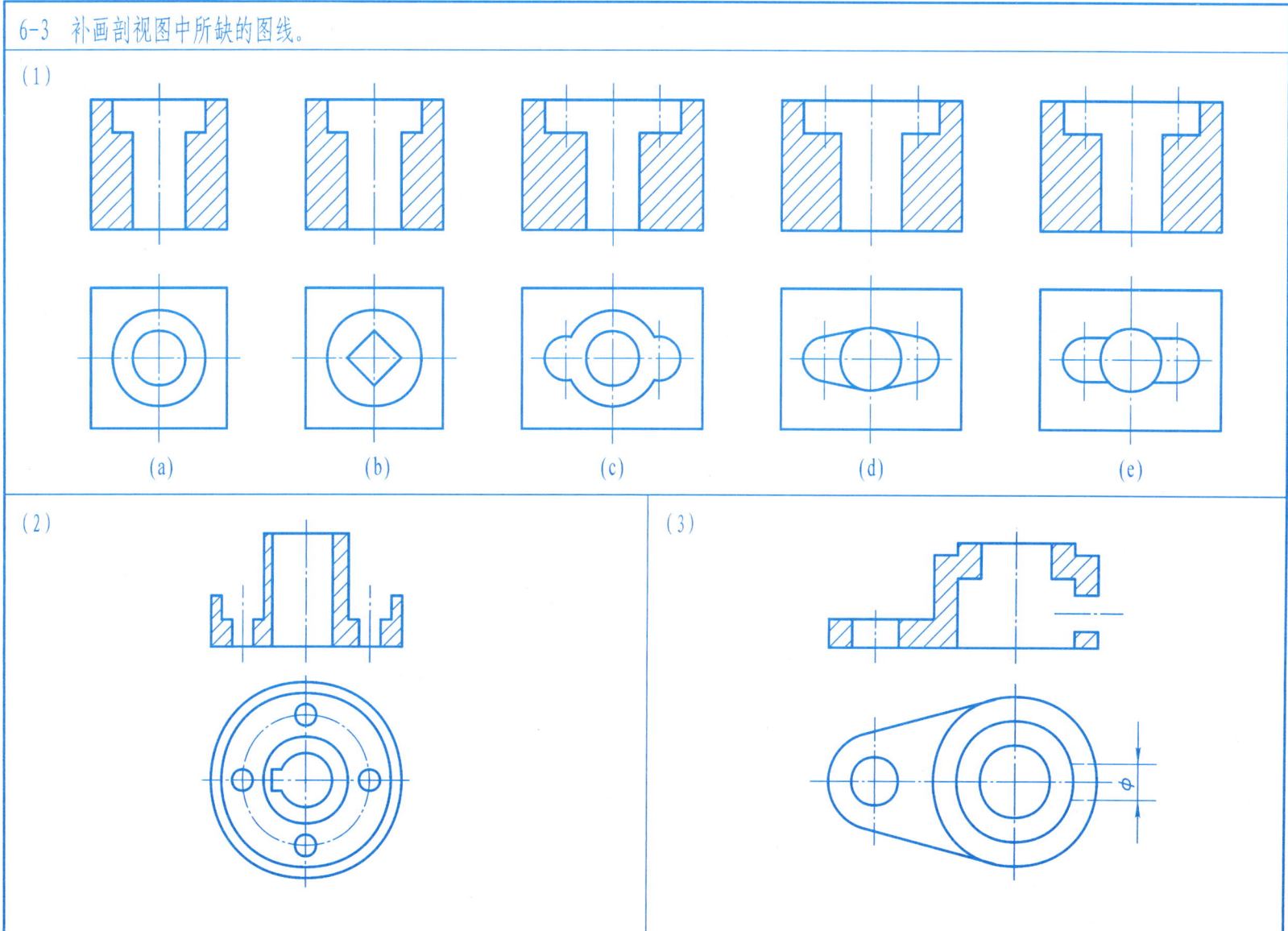

第六章 机件的常用表达方法

6-4 将主视图画成全剖视图。

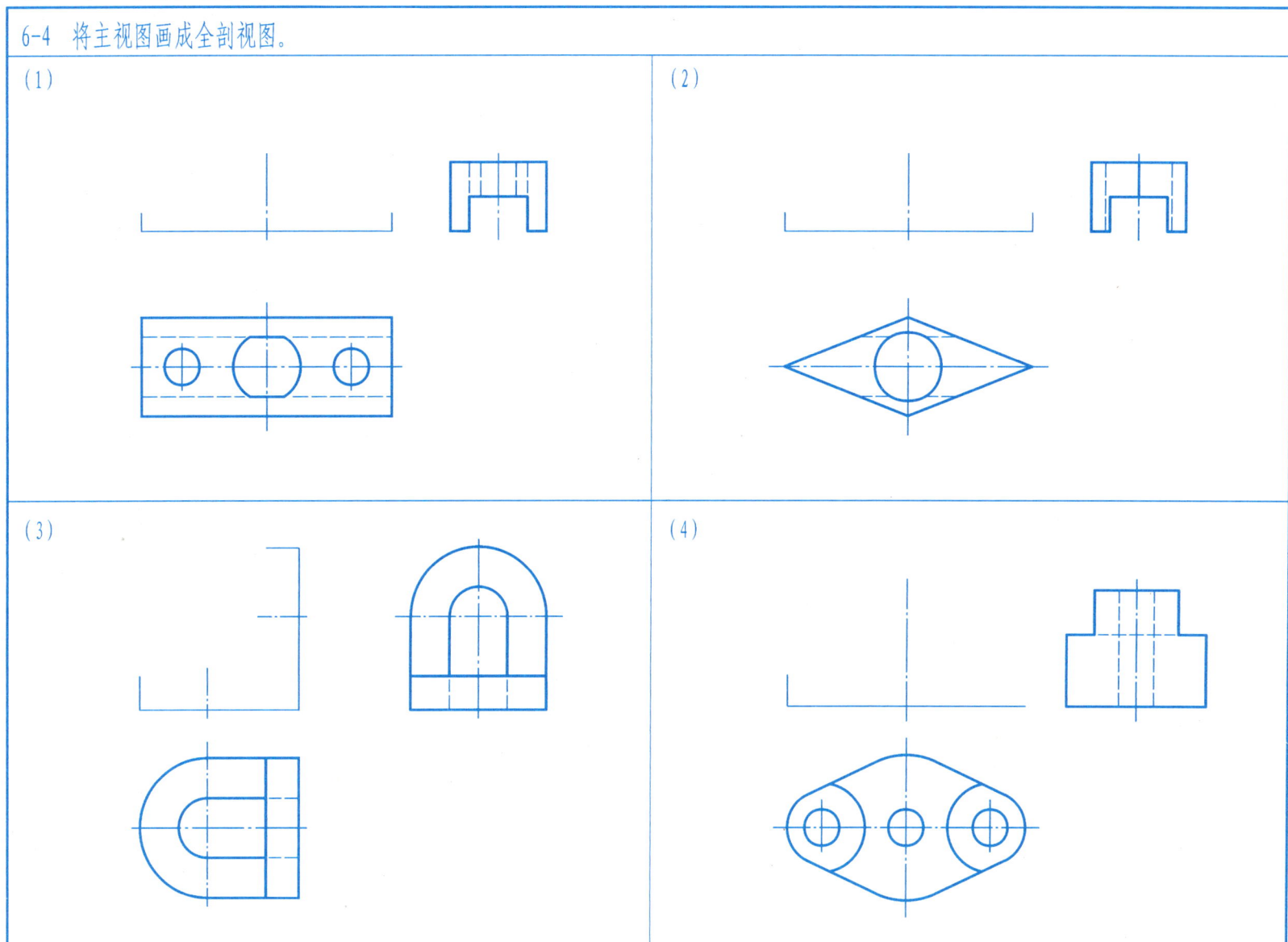

第六章 机件的常用表达方法

6-5 半剖视图。

(1) 将主视图画成半剖视图。

(2) 将主视图、俯视图画成半剖视图。

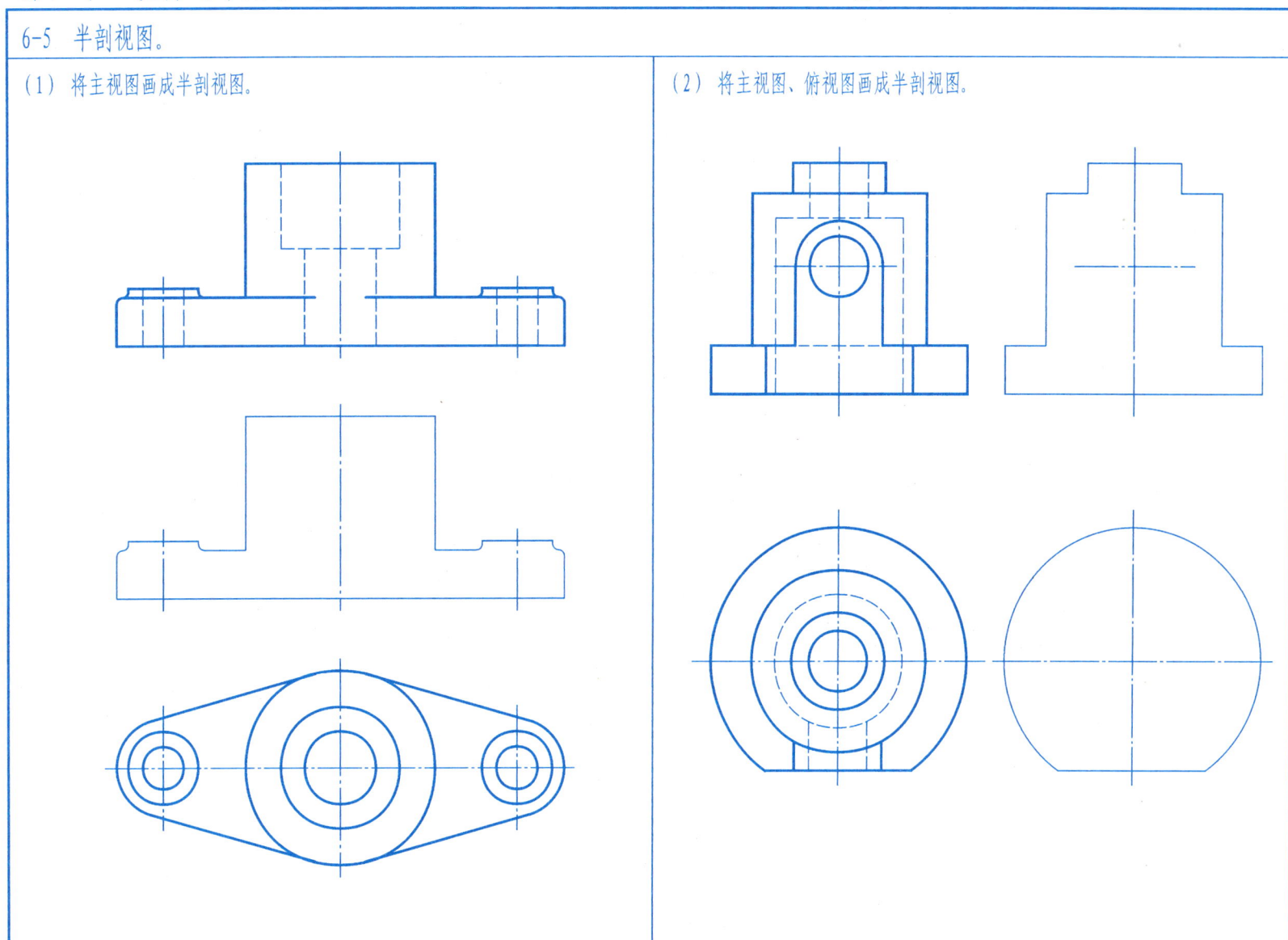

第六章 机件的常用表达方法

6-6 局部剖视图。

(1) 改正局部剖视图中的错误。

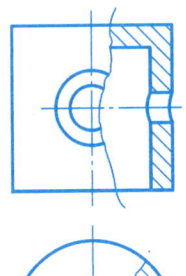
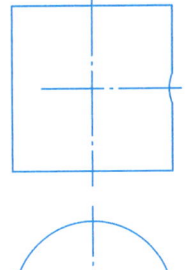
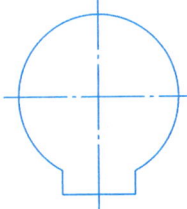

(2) 改正局部剖视图中的错误。

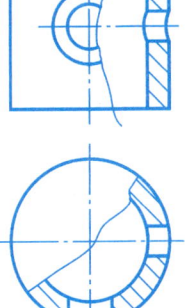
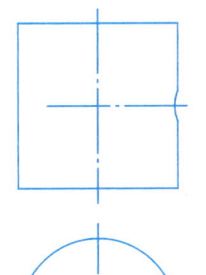
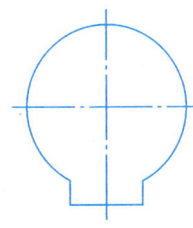

(3) 将主视图、俯视图画成局部剖视图。

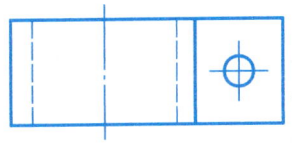

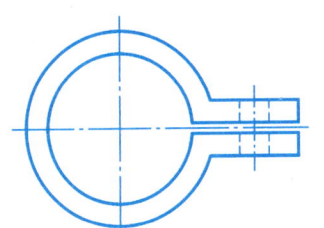
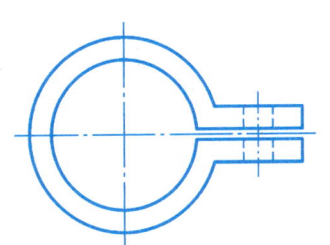

(4) 将主视图、俯视图画成局部剖视图。

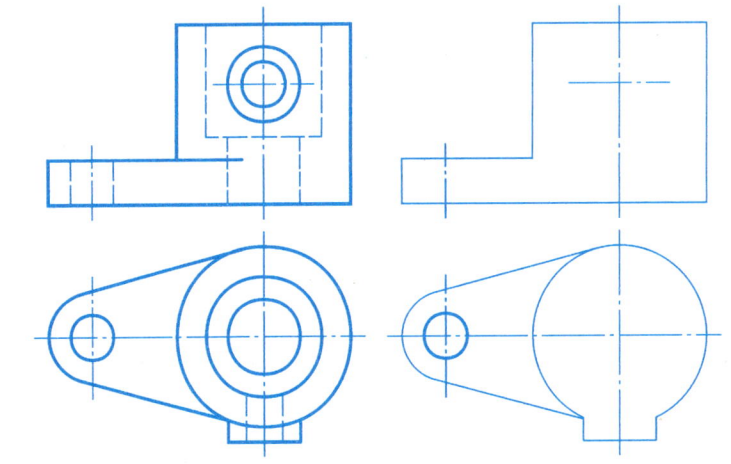

第六章 机件的常用表达方法

班级　　　姓名　　　学号

6-7 全剖视图、半剖视图。

(1) 将主视图改为全剖视图，并补作全剖视的左视图。

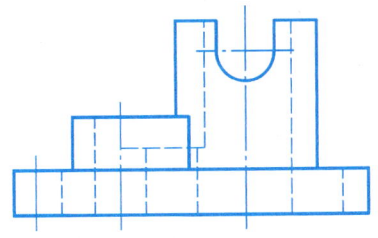

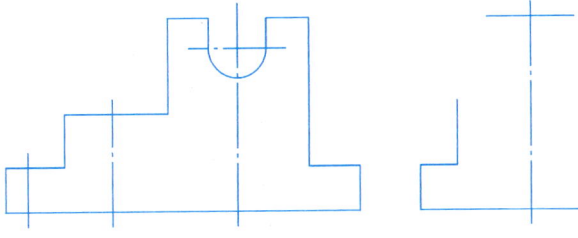

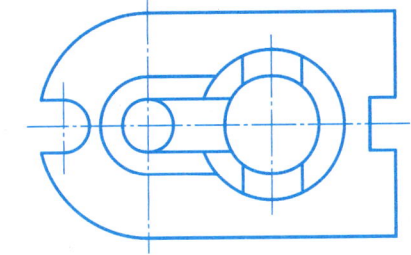

(2) 将主视图改为半剖视图，并补作全剖视的左视图。

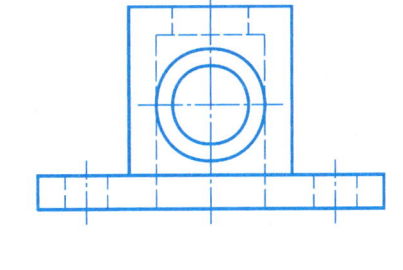

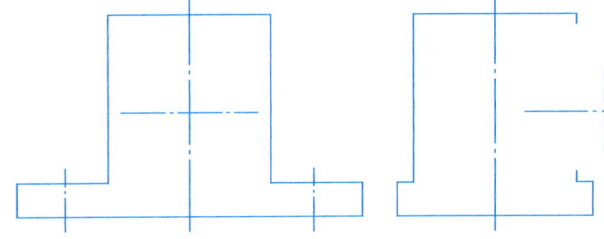

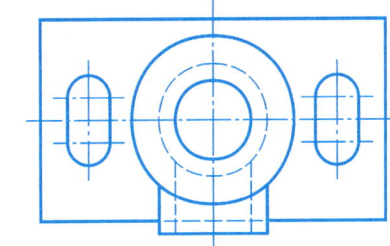

第六章 机件的常用表达方法

6-8 用两个平行平面剖切和用两个相交平面剖切示例及尺寸标注。

(1) 补全轴测图中的投影（徒手），并标注尺寸（尺寸数值从图中量取并圆整为整数）。

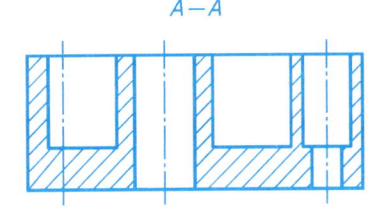

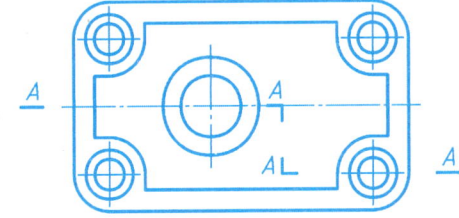

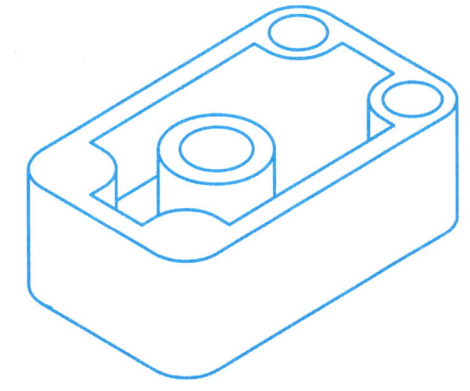

(2) 标注尺寸（尺寸数值从图中量取并圆整为整数）。

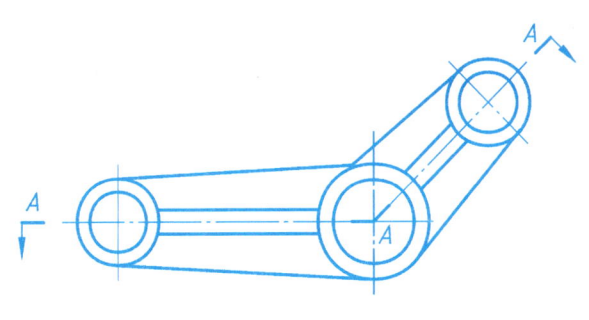

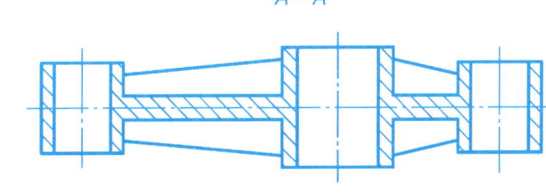

第六章 机件的常用表达方法

6-9 断面图。

(1) 在主视图下方指定位置画出正确的移出断面图。

(2) 将符号 $A-A$ 标注在你认为正确的断面图上方。

(3) 在俯视图的指定位置画出肋的断面图。

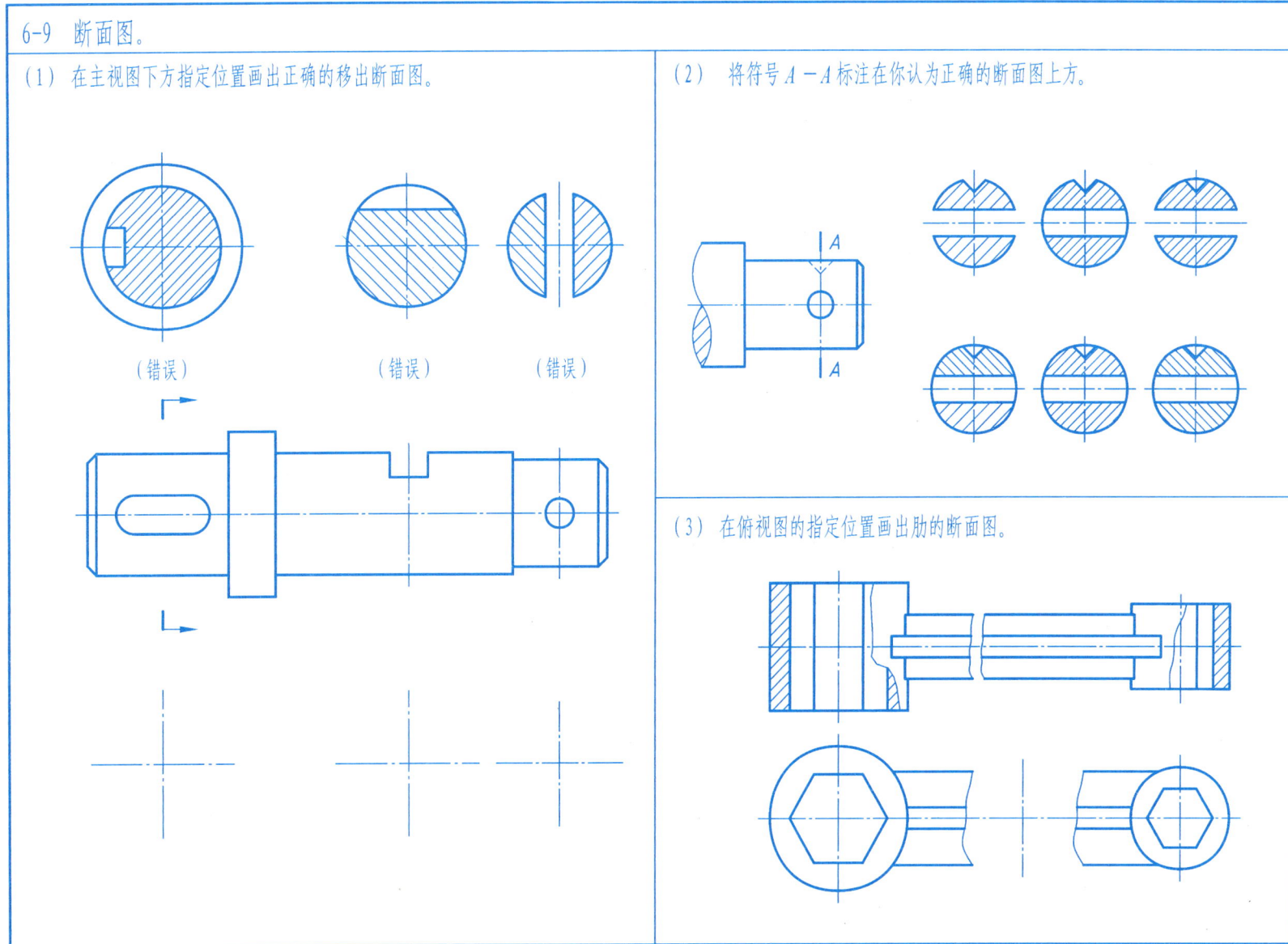

第六章　机件的常用表达方法

6-10 综合练习：根据所绘机件的视图，选择适当的表达方案，画出其所需的剖视图、断面图和其他视图，并标注尺寸。

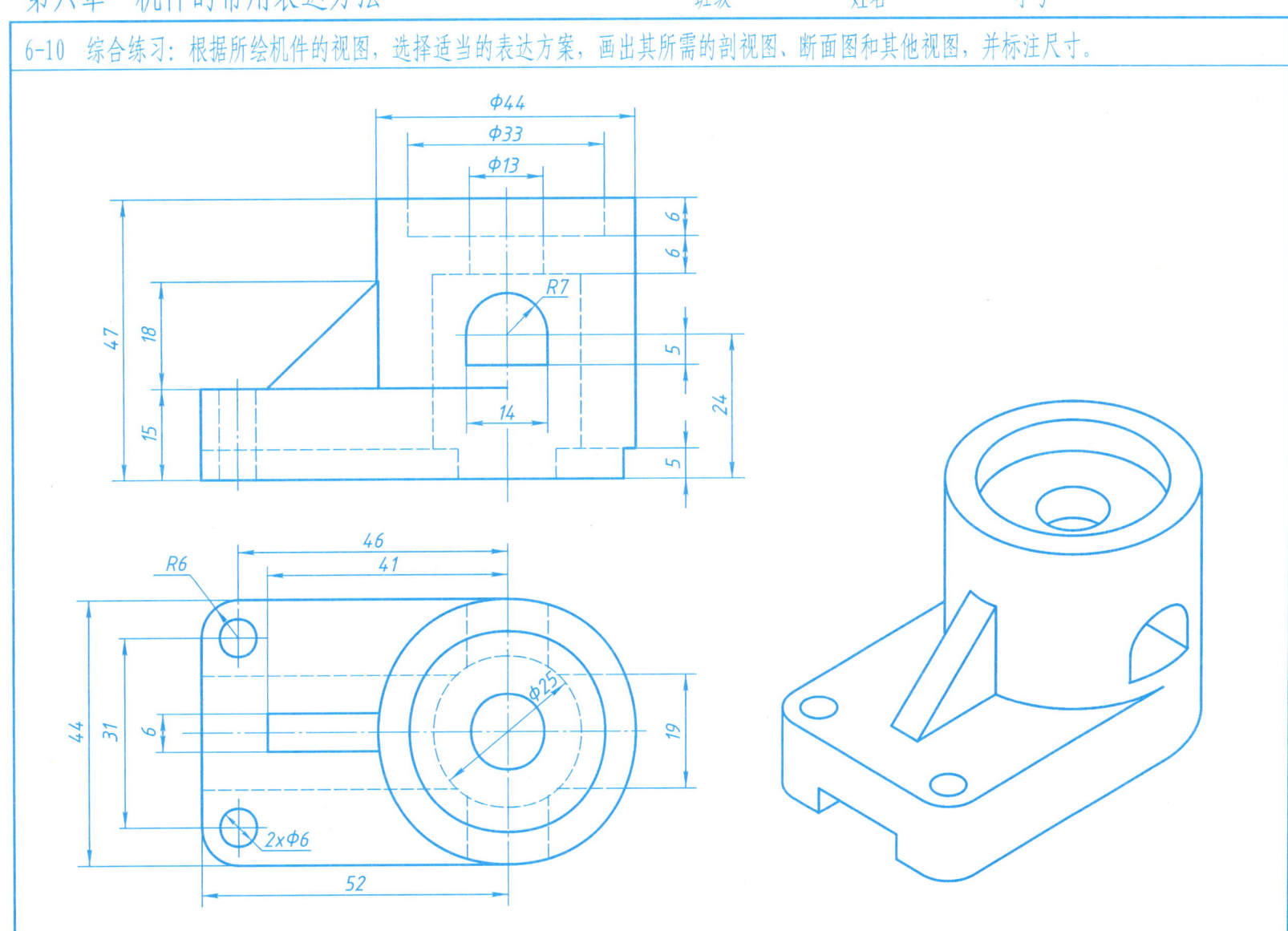

第六章 机件的常用表达方法

6-11 综合练习：根据所绘机件的视图，选择适当的表达方案，画出其所需的剖视图、断面图和其他视图，并标注尺寸。

第七章 标准件和常用件

班级　　　姓名　　　学号

7-1a 找出图中画法上的错误,并将正确的画在下面。

(1)　　(2)

(3)　　(4)

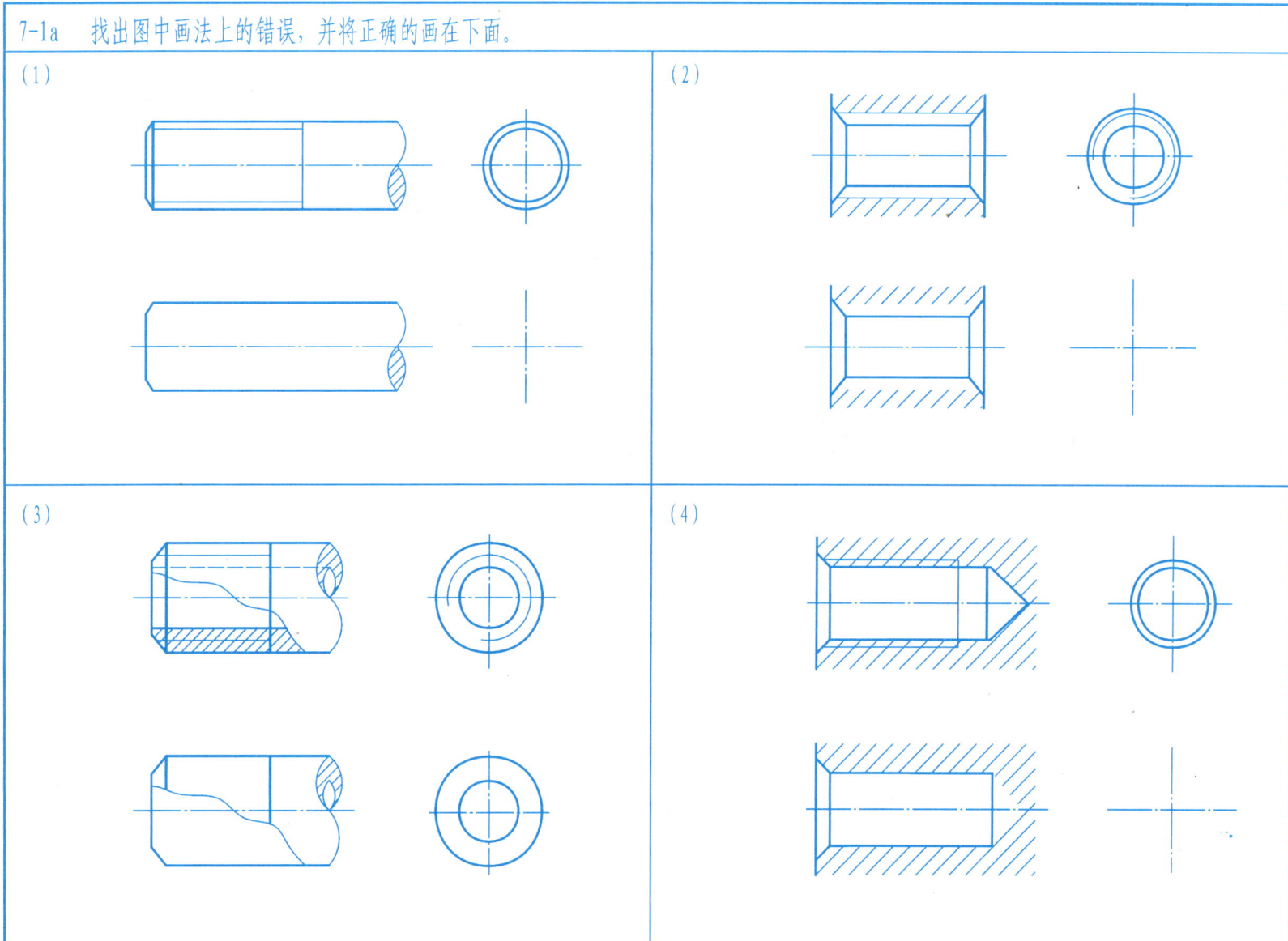

第七章 标准件和常用件

7-1b 找出图中画法上的错误,并将正确的画在下面。

(5)

(6)

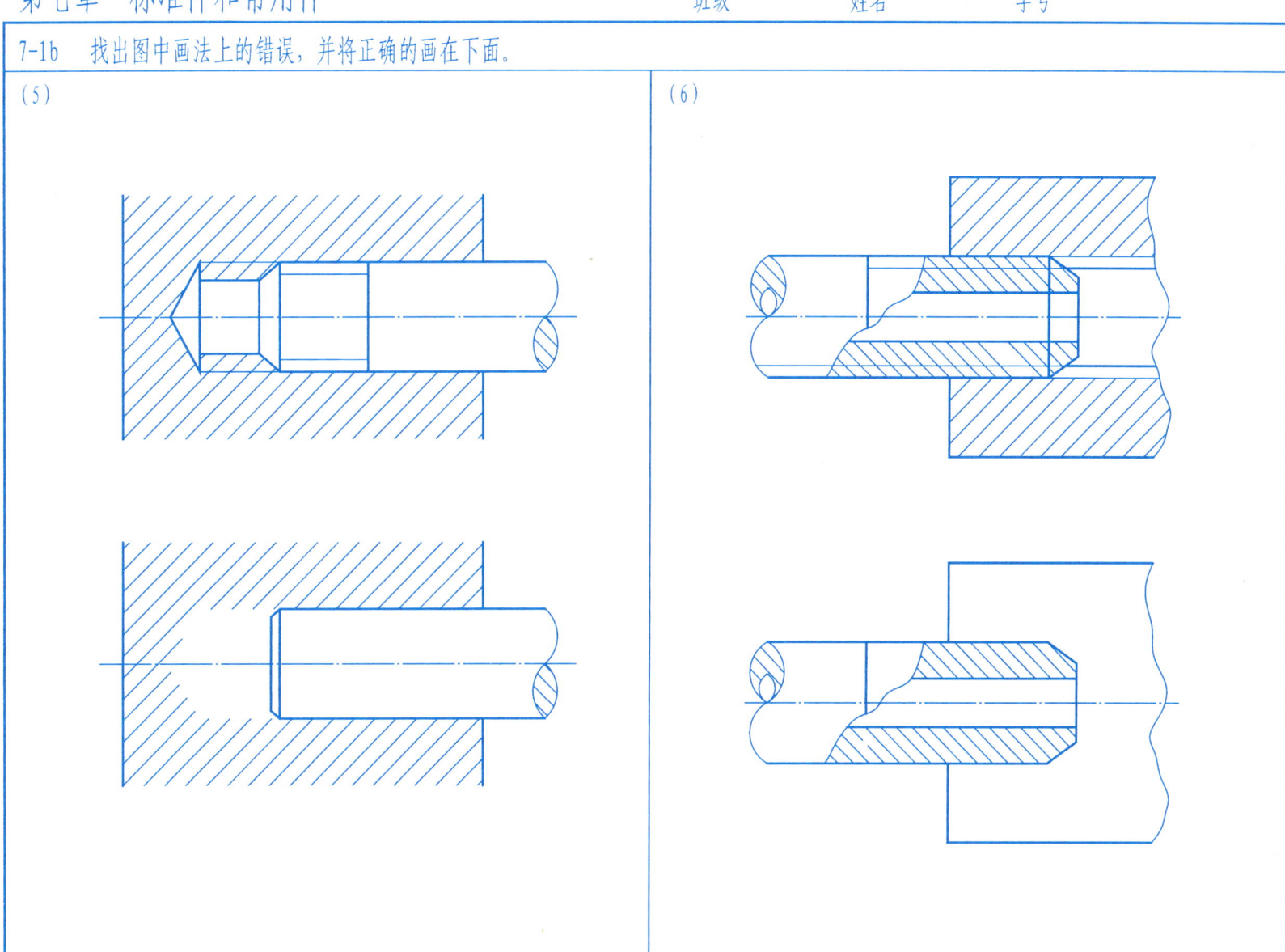

第七章 标准件和常用件

7-2 下面八组螺纹和螺纹连接的视图中，画法正确的有_____。

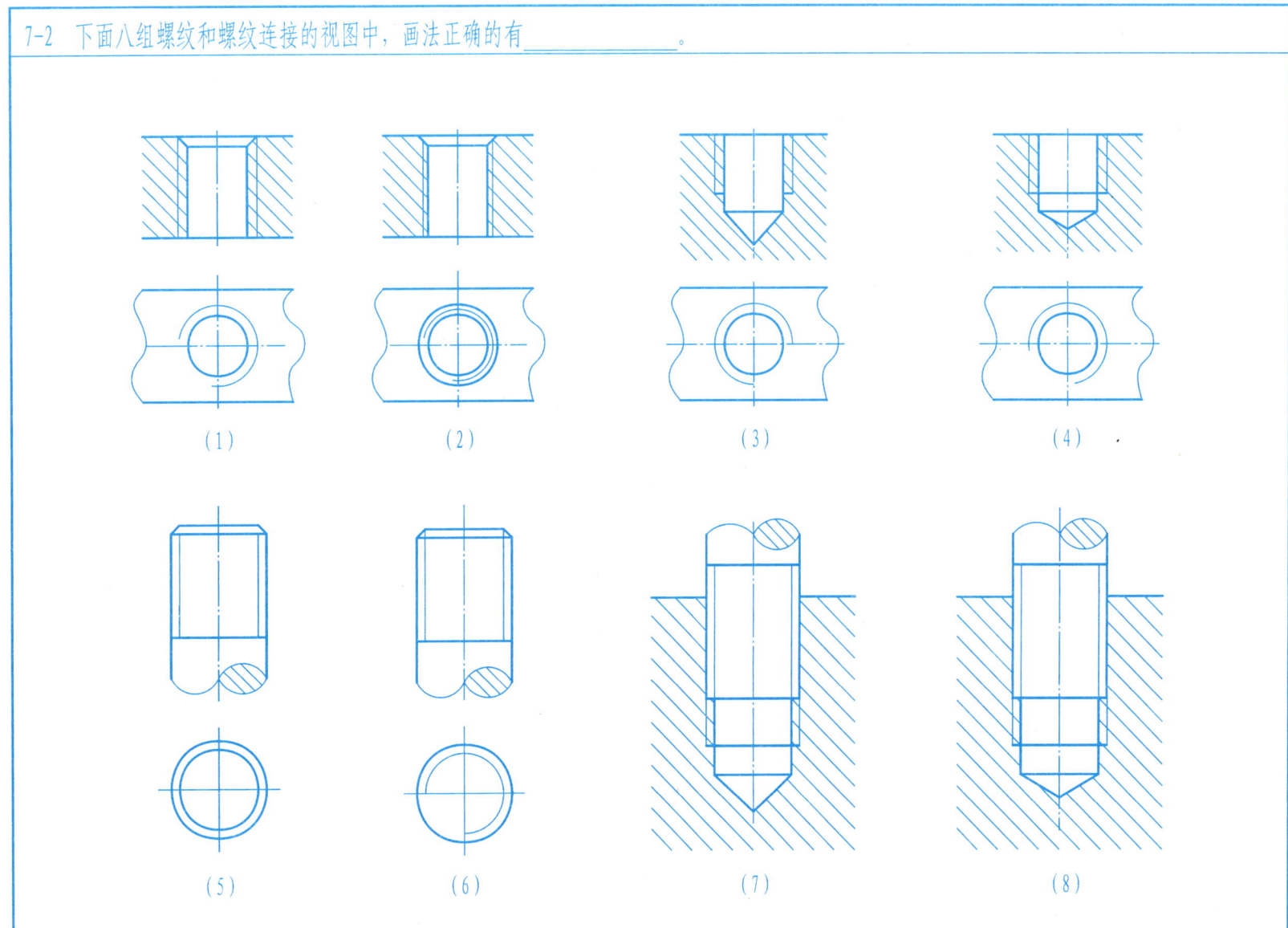

(1)　　　(2)　　　(3)　　　(4)

(5)　　　(6)　　　(7)　　　(8)

第七章 标准件和常用件

7-3 说明下列螺纹标记的含义。

(1)

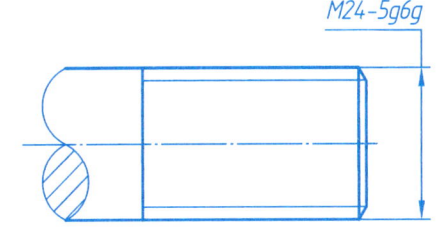

M: _____ 24: _____

5g: _____ 6g: _____

(2)

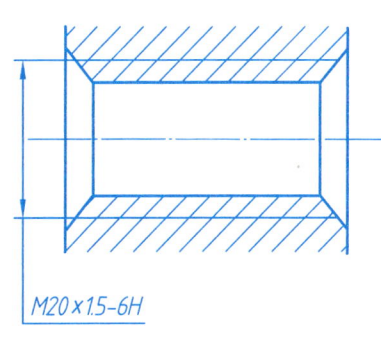

M: _____
20: _____
1.5: _____
6H: _____

(3)

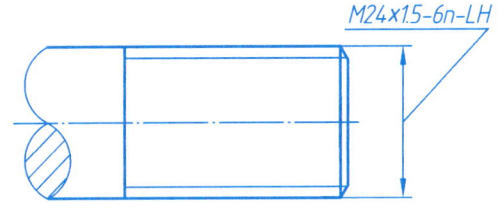

M: _____ 24: _____

1.5: _____ 6n: _____

LH: _____

(4)

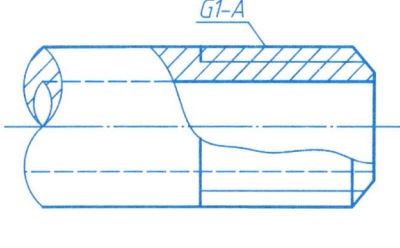

G: _____

1: _____

A: _____

第七章 标准件和常用件

班级　　　　姓名　　　　学号

7-4 根据所给的条件，按规定对下列螺纹进行标记。

(1) 粗牙普通螺纹，公称直径为20，螺距为2.5。

(2) 粗牙普通螺纹，公称直径为20，螺距为2.5。

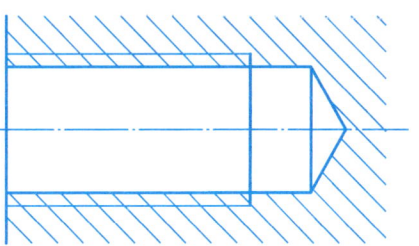

(3) 按题(1)和题(2)所给尺寸画出螺杆和螺纹孔连接的主视图（全剖视），螺杆旋入螺纹孔内20 mm，不注尺寸。

第七章 标准件和常用件

7-5 根据所给的条件，按规定对下列螺纹进行标注。

(1) 双头螺柱，A型，GB/T 899—1988，螺纹规格为M16，公称长度 l = 45。

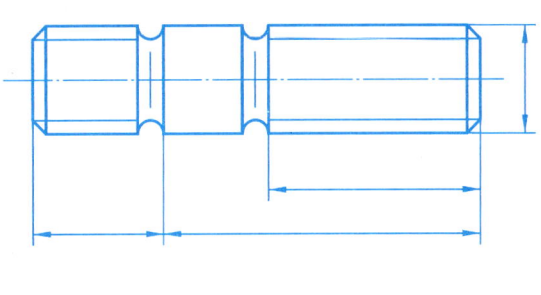

(2) 六角头螺栓，B级，GB/T 5782—2016，螺纹规格为M12，公称长度 l = 45。

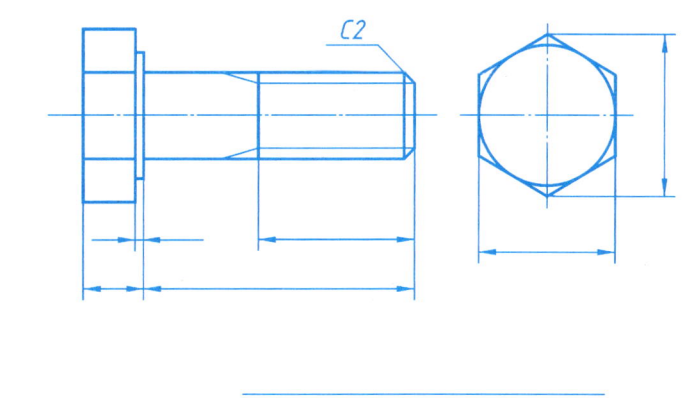

(3) 1型六角螺母，B级，GB/T 6170—2015，螺纹规格为M20。

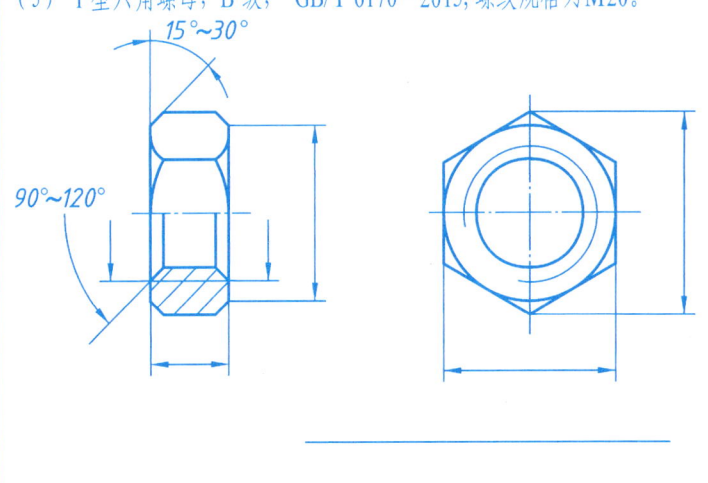

(4) 开槽沉头螺钉，GB/T 68—2016，螺纹规格为M10，公称长度 l = 45。

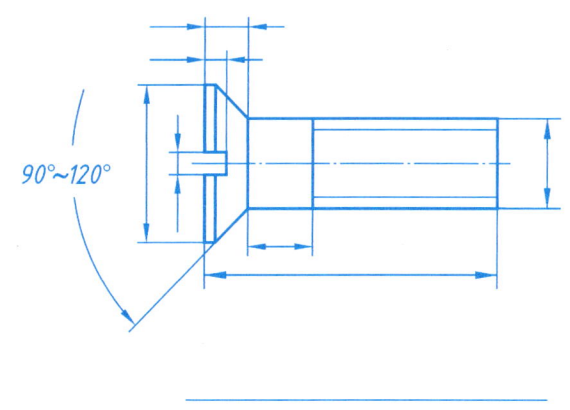

第七章　标准件和常用件

7-6　指出下列螺纹连接图中的错误，在下一页画出正确的螺纹连接图（图中已标出的错误仅供参考）。

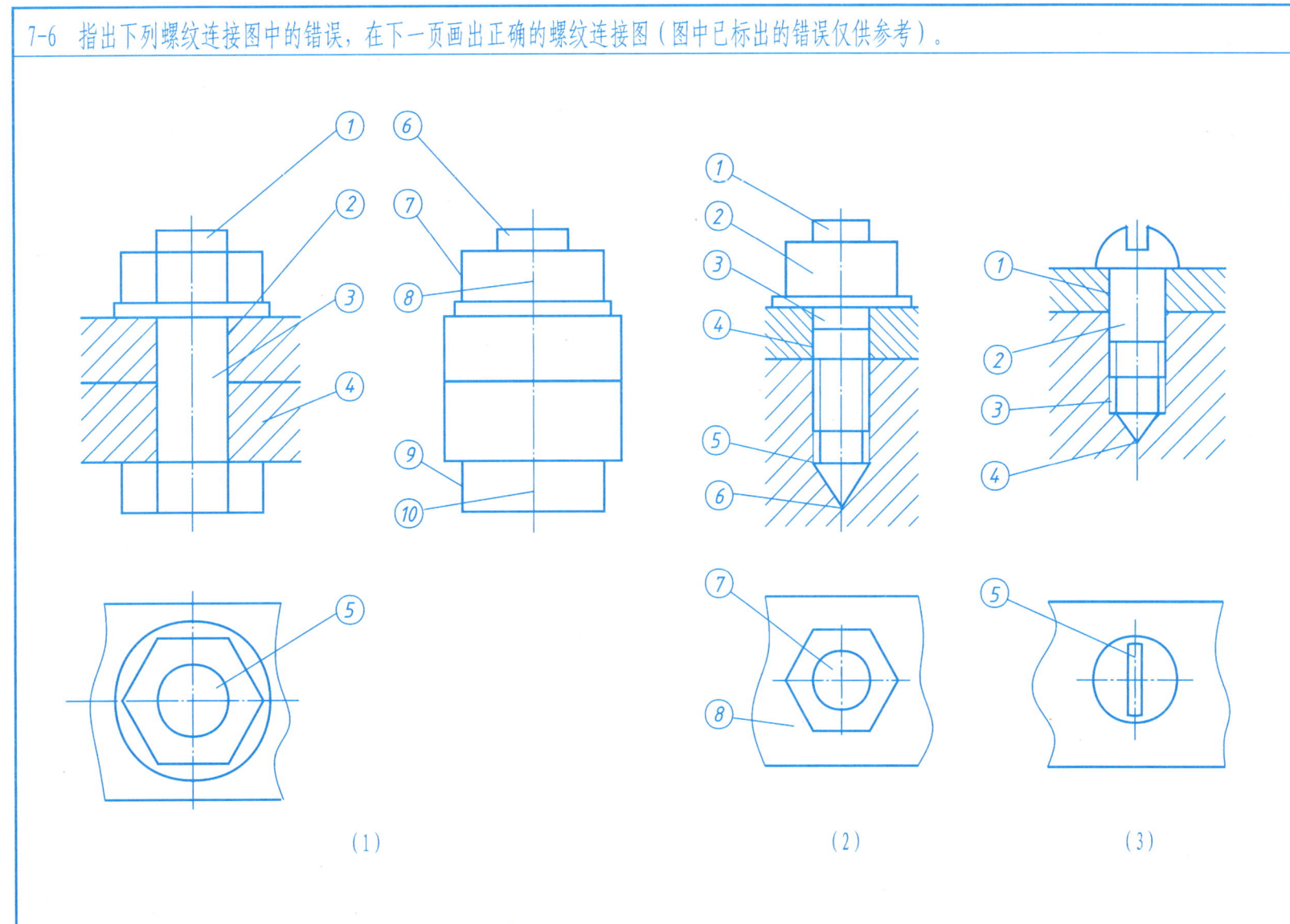

第七章 标准件和常用件 班级　　姓名　　学号

7-6 续。

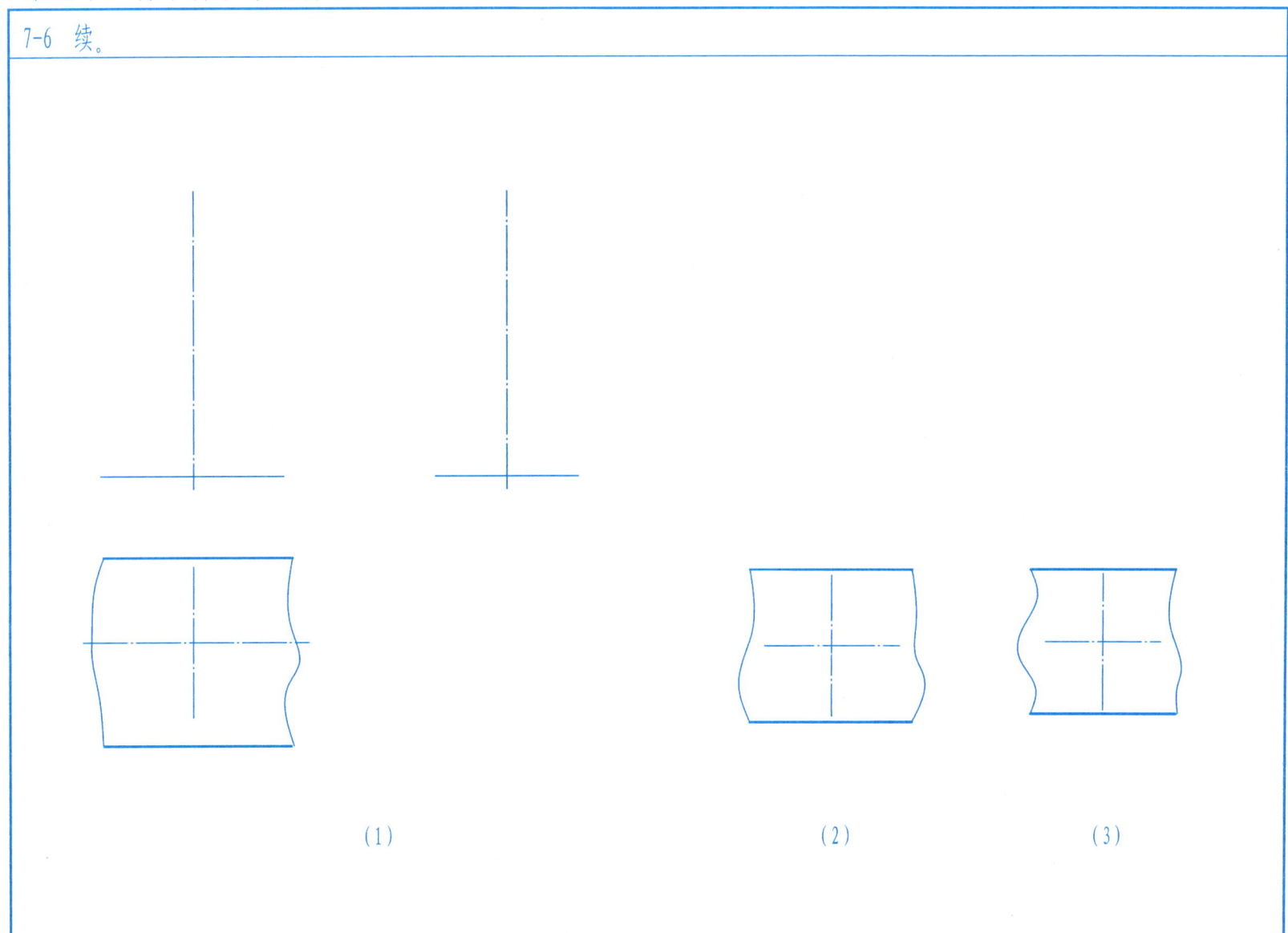

(1)　　　　　　　　　　(2)　　(3)

第七章 标准件和常用件

7-7 普通平键连接的画法和尺寸标注标记。

(1) 查表标注键槽的尺寸。

(2) 根据题(1)中的尺寸完成键连接的装配图（主视图）。

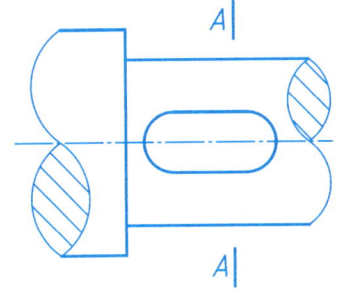

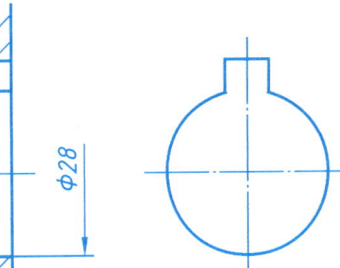

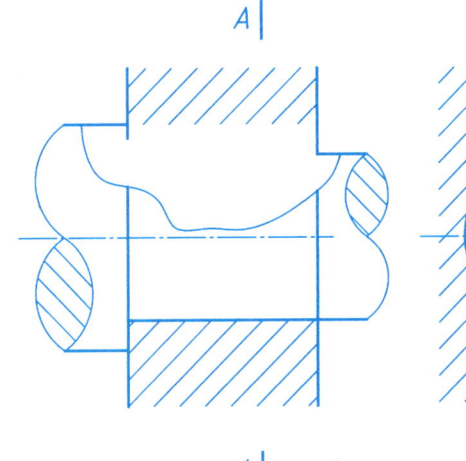

第七章 标准件和常用件

7-8 已知一对直齿圆柱齿轮的齿数 z_1=16、z_2=32，中心距 a=48，试完成其啮合图。

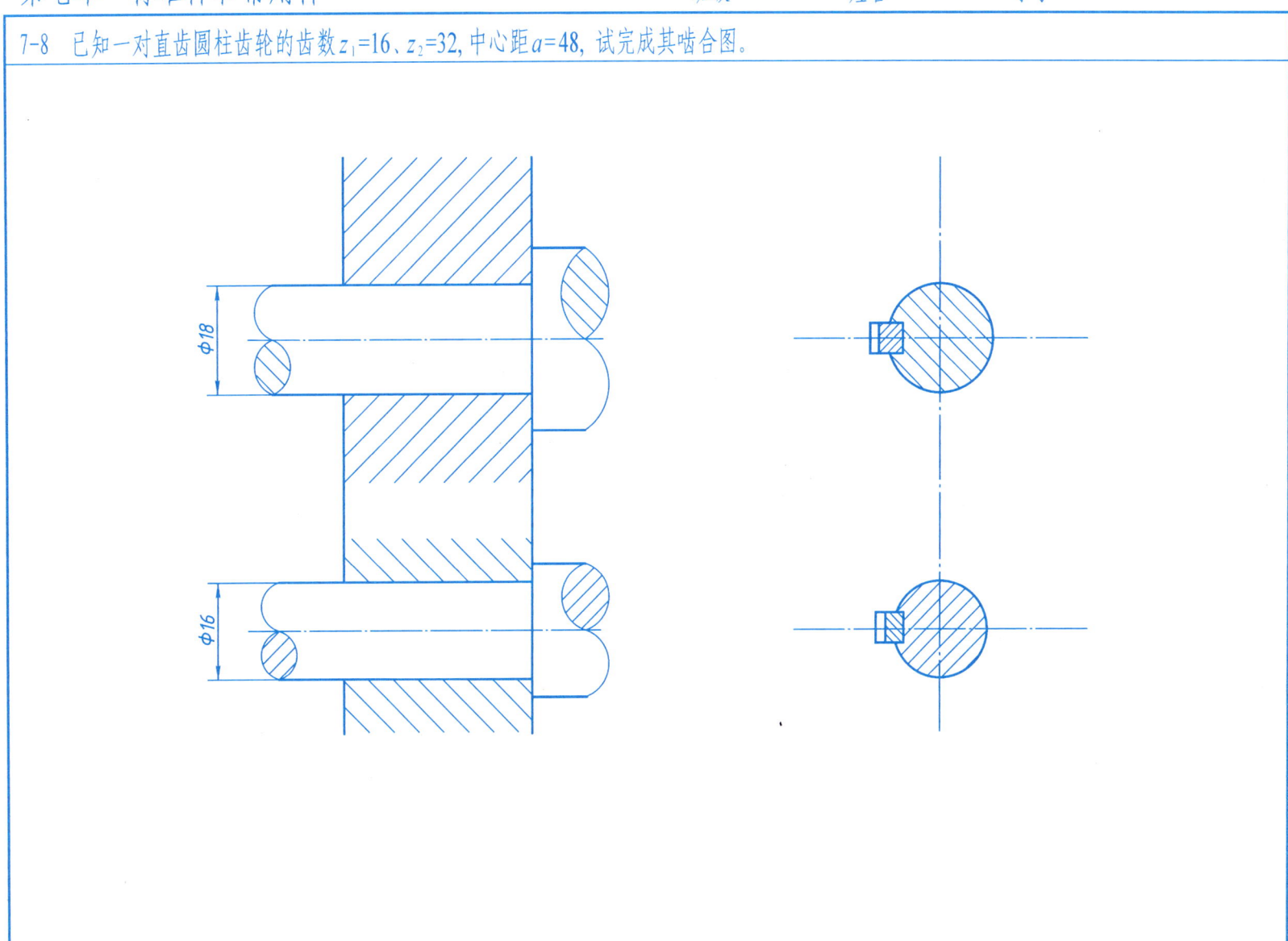

第八章 零件图

8-1 填充说明公差代号的配合制度及配合类型，查表在零件图中标注相应的公差数值。

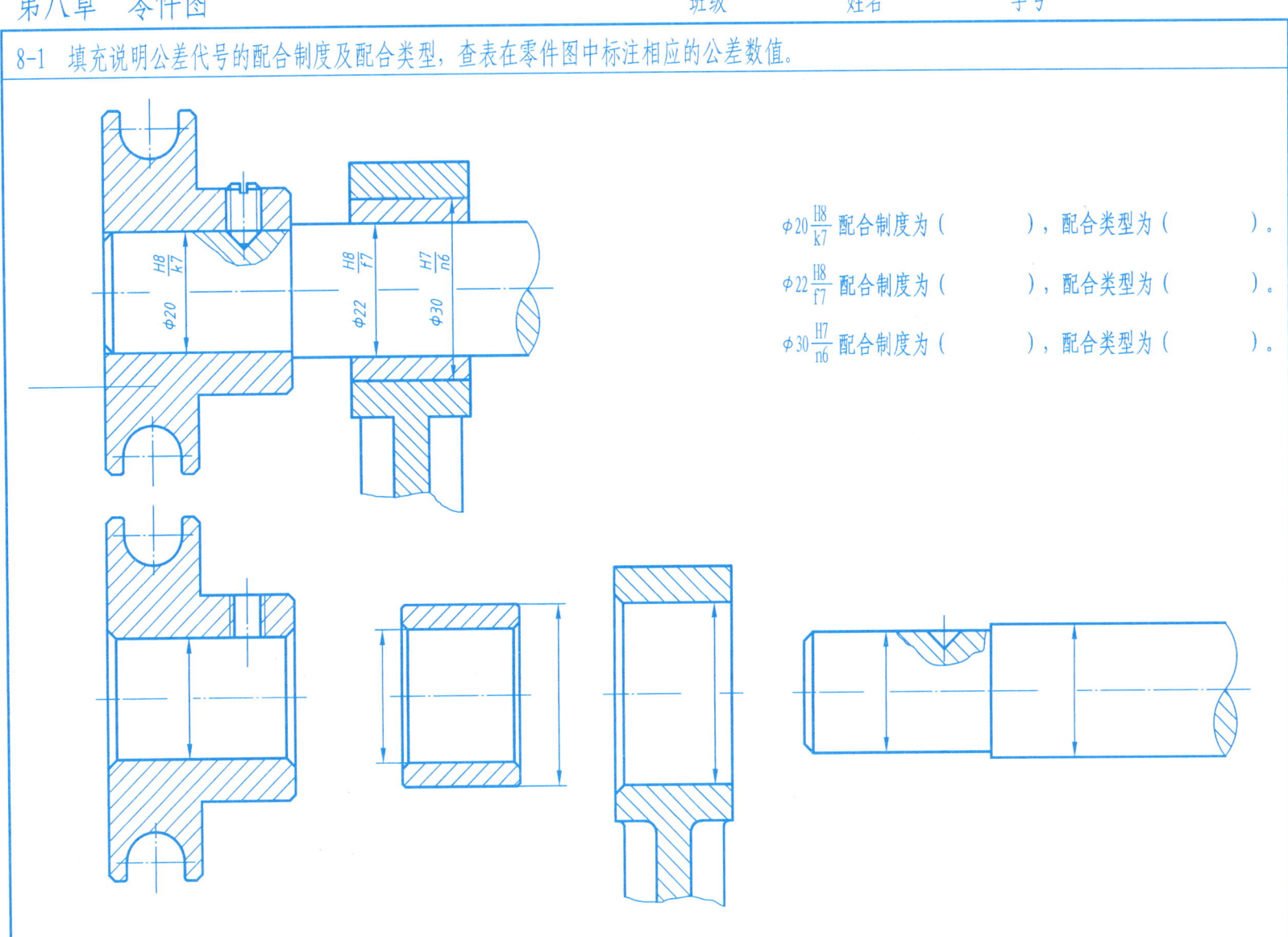

$\phi 20 \dfrac{H8}{k7}$ 配合制度为（　　　　），配合类型为（　　　　）。

$\phi 22 \dfrac{H8}{f7}$ 配合制度为（　　　　），配合类型为（　　　　）。

$\phi 30 \dfrac{H7}{n6}$ 配合制度为（　　　　），配合类型为（　　　　）。

第八章 零件图

8-2 分析主轴的零件图,画出 A—A 断面图。

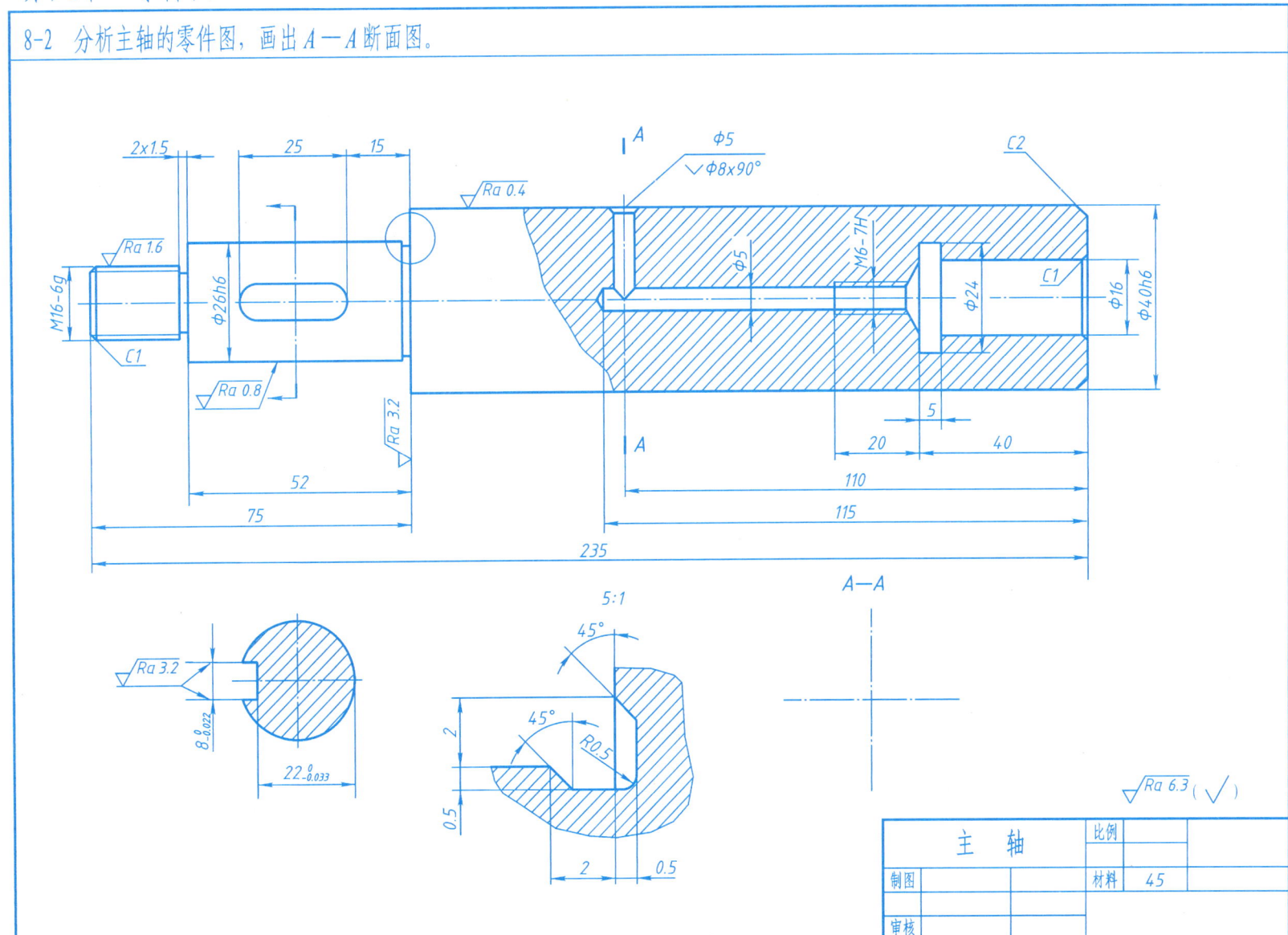

第八章 零件图

班级　　　姓名　　　学号

8-3 读零件图。

(1) 图中φ36H8表示_____。
(2) 图中C2表示_____。
(3) 补全所缺尺寸。
(4) 标注表面结构要求（左侧顶面、底面、内孔模仿右侧进行标注；其余为非加工表面，可在标题栏附近位置统一标注）。
(5) 在指定位置画出A—A断面图。

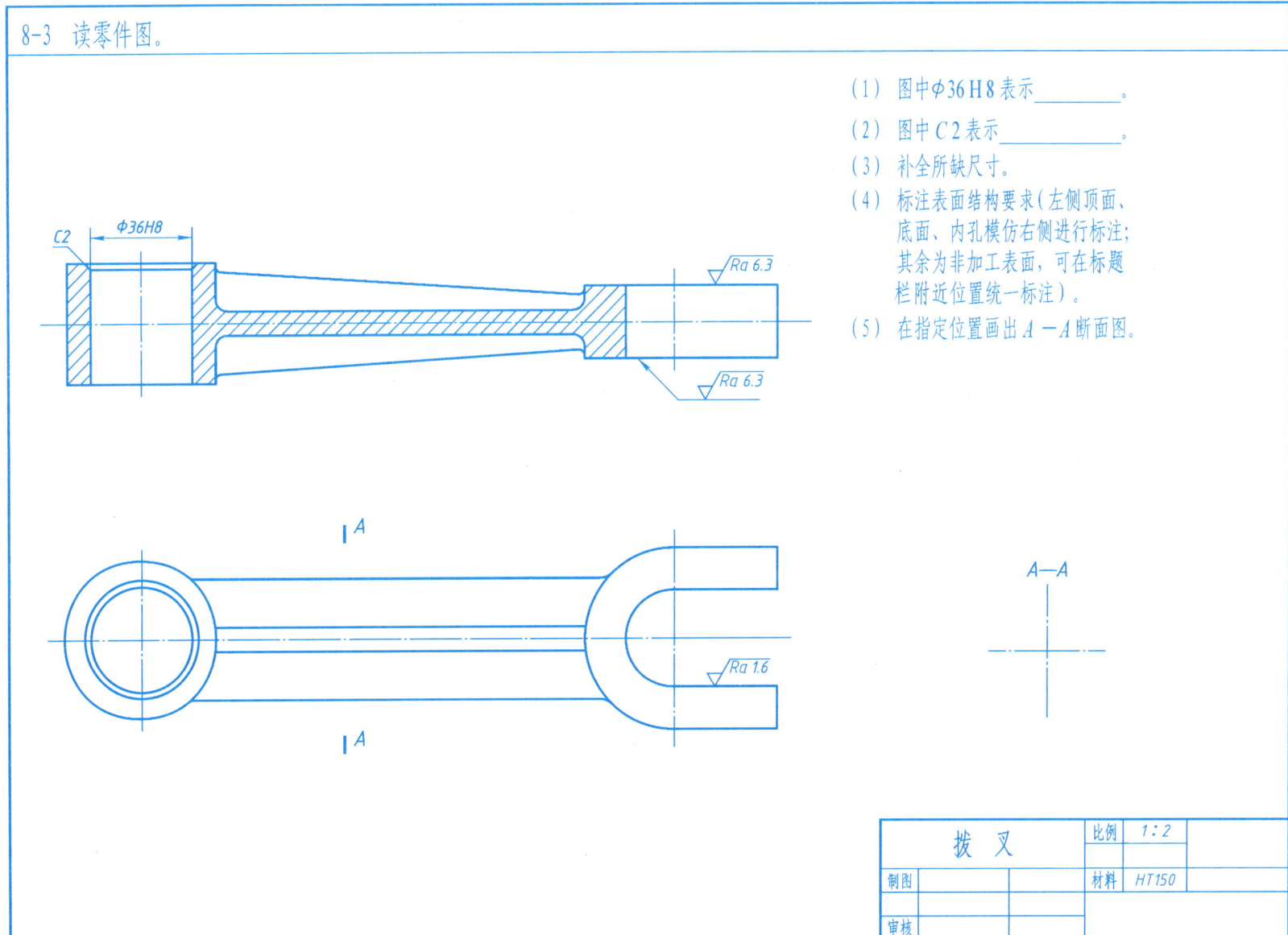

第八章 零件图

8-4 绘制支架的零件图。

要求：

1. 分析支架的零件图，重新选择更合理、更清晰、可读性更好的表达方案（视图、剖视、断面等），按右图所示尺寸，以1:1的比例在A3图纸上画出支架的零件图（含尺寸标注、极限与配合、表面结构要求、文字形式的技术要求等）。

2. 分析加工面与加工面、加工面与非加工面、非加工面与非加工面之间交线的关系，画出所有铸造圆角的投影。

3. 注写完整的文字形式的技术要求（铸件不允许有裂纹、气孔等缺陷；铸件表面的清砂等处理方法；加工面的防锈措施；非加工面的油漆；是否需要退火、时效处理；铸造圆角半径的统一注写；图中未尽事项的补充说明等）。此次注写只作格式要求，内容是否合理暂不作考虑。

4. 在本次作业的所有图形中都不允许出现细虚线。

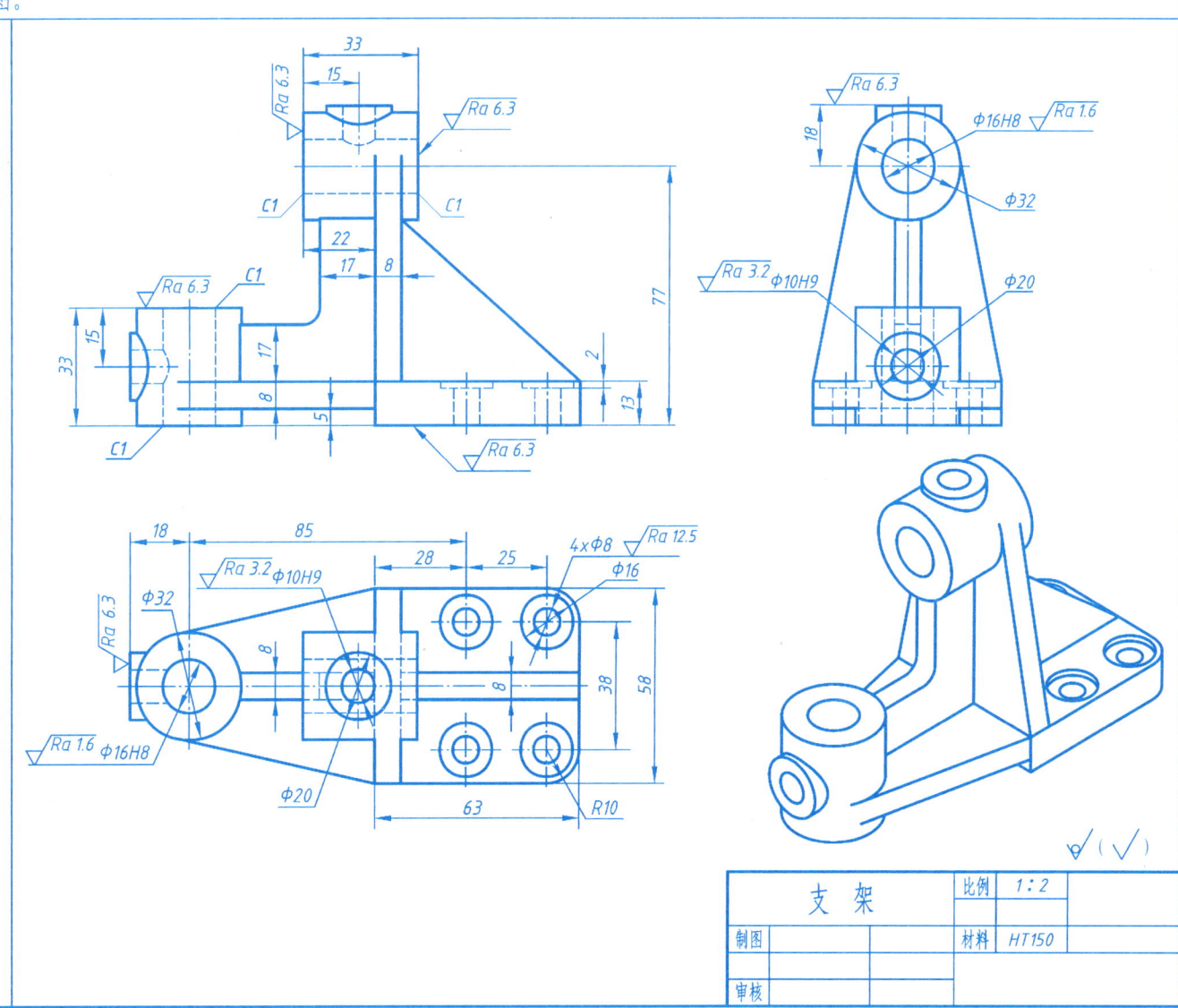

	支 架	比例	1:2
制图		材料	HT150
审核			

第九章 装配图

班级　　　姓名　　　学号

9-1 参考气动阀示意图，看懂装配图，拆画5号零件阀体。

工作原理：

　　该气动阀的作用是控制气流在三个通道之间切换。

　　阀体顶部有4个锥坑，用于定位手柄。当手柄位于图示位置时，关闭Ⅰ号通道；当手柄顺时针转45°时，三条通道均被封闭；当手柄逆时针转45°时，接通Ⅰ、Ⅱ号通道；手柄逆时针转135°时，接通Ⅱ、Ⅲ号通道。

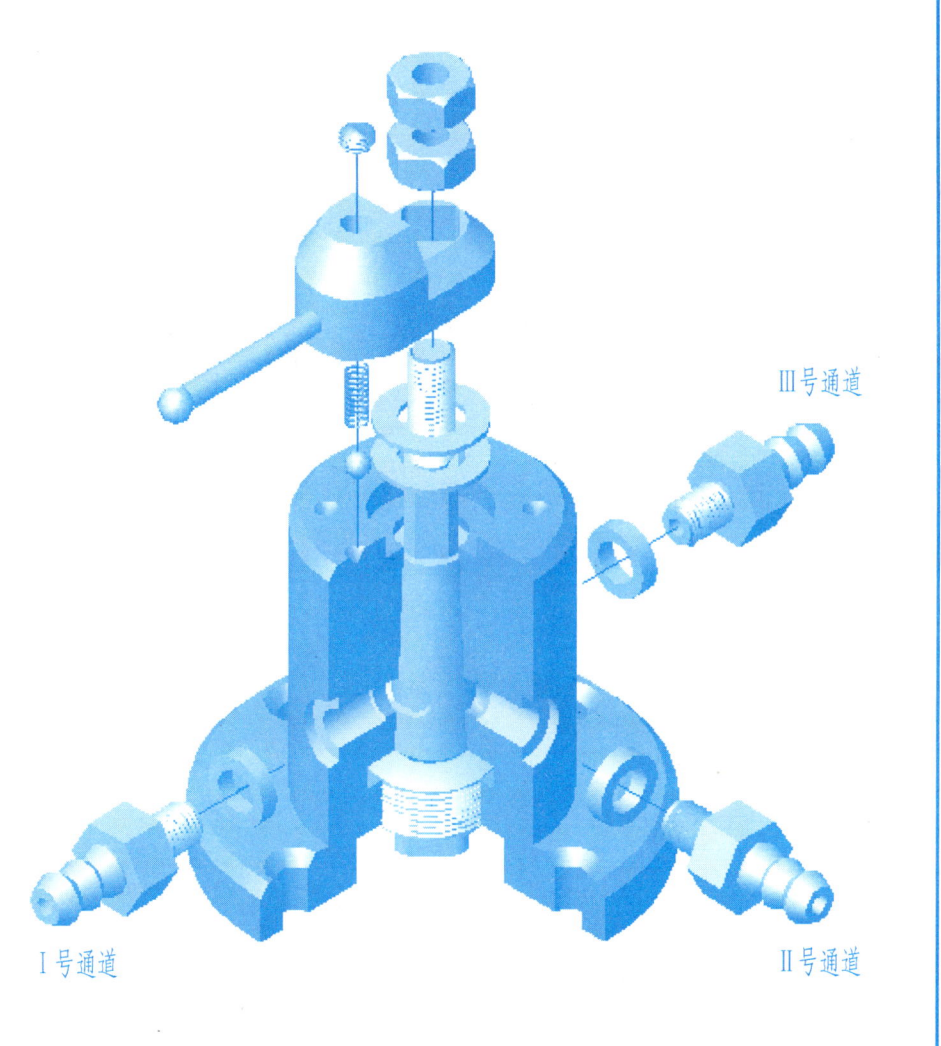

Ⅲ号通道

Ⅰ号通道　　Ⅱ号通道

第九章 装配图　　　　　班级　　姓名　　学号

9-1 续。

11		S⌀4钢球	1	GCr15
10		弹簧	1	65Mn
9	GB/T 69-2016 M6×5	螺钉	1	Q235A
8	GB/T 6170-2015 M8	螺母	2	Q235A
7		手柄	1	Q235A
6		垫圈	2	Q235A
5		阀体	1	HT200
4		柱塞	1	Q235A
3		密封环	3	橡胶
2		接头	3	Q235A
1		螺塞	1	Q235A

气动阀

第九章 装配图

9-2 看懂单柱塞泵的装配图，拆画1号零件泵体。

工作原理：

当5号零件柱塞向右拉时，其左面的空腔会形成负压，因此下阀瓣开启而上阀瓣紧闭，于是油穿过下阀瓣下端的三棱肋板流入空腔。当柱塞向左推时，其左面的空腔会形成高压，因而上阀瓣开启而下阀瓣紧闭，油就穿过上阀瓣下端的四棱肋板流出出油口。

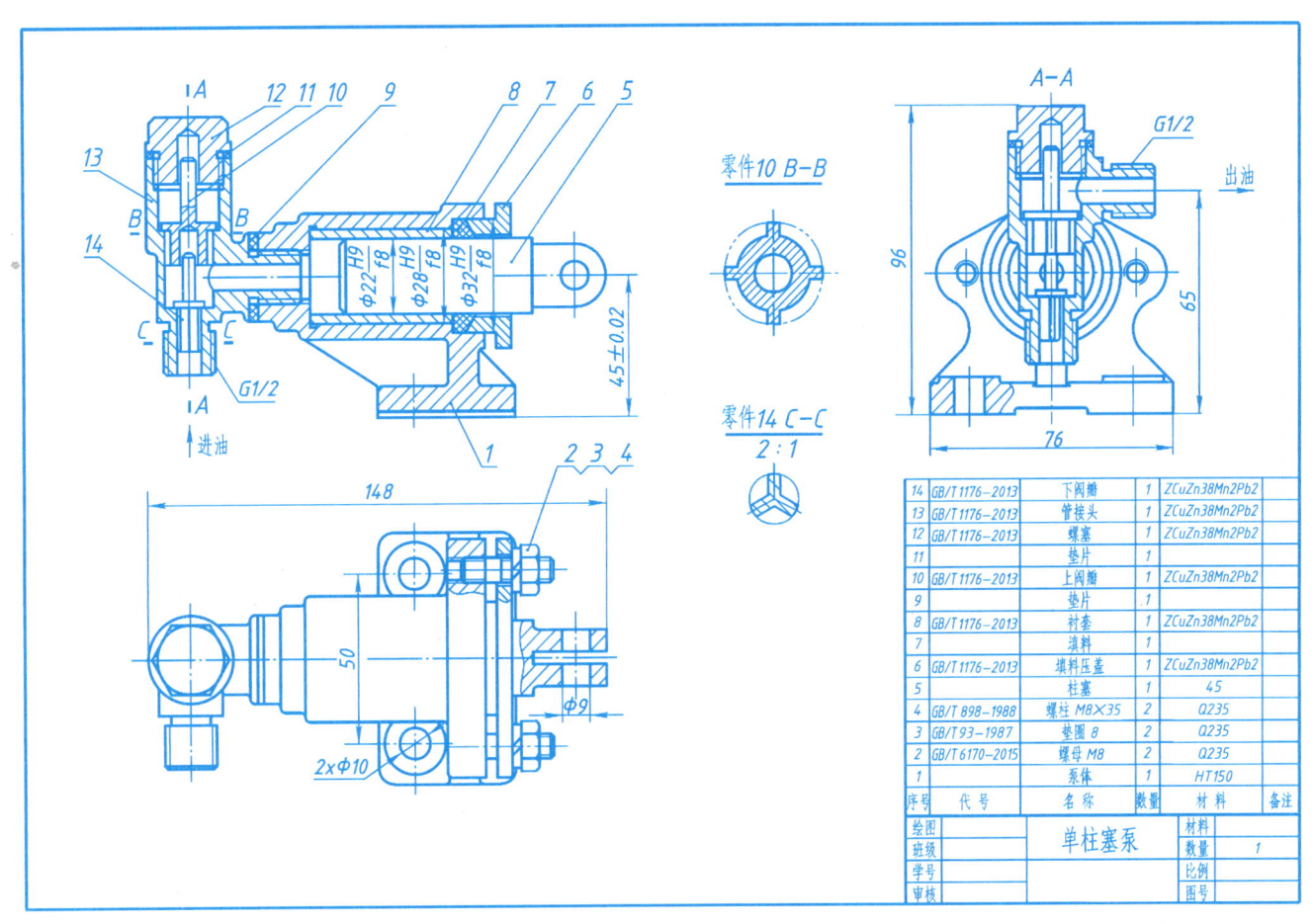

第九章 装配图　　　　　　　班级　　　姓名　　　学号

9-3a　参考台虎钳的结构示意图以及所给各个零件的零件图，画出其装配图。

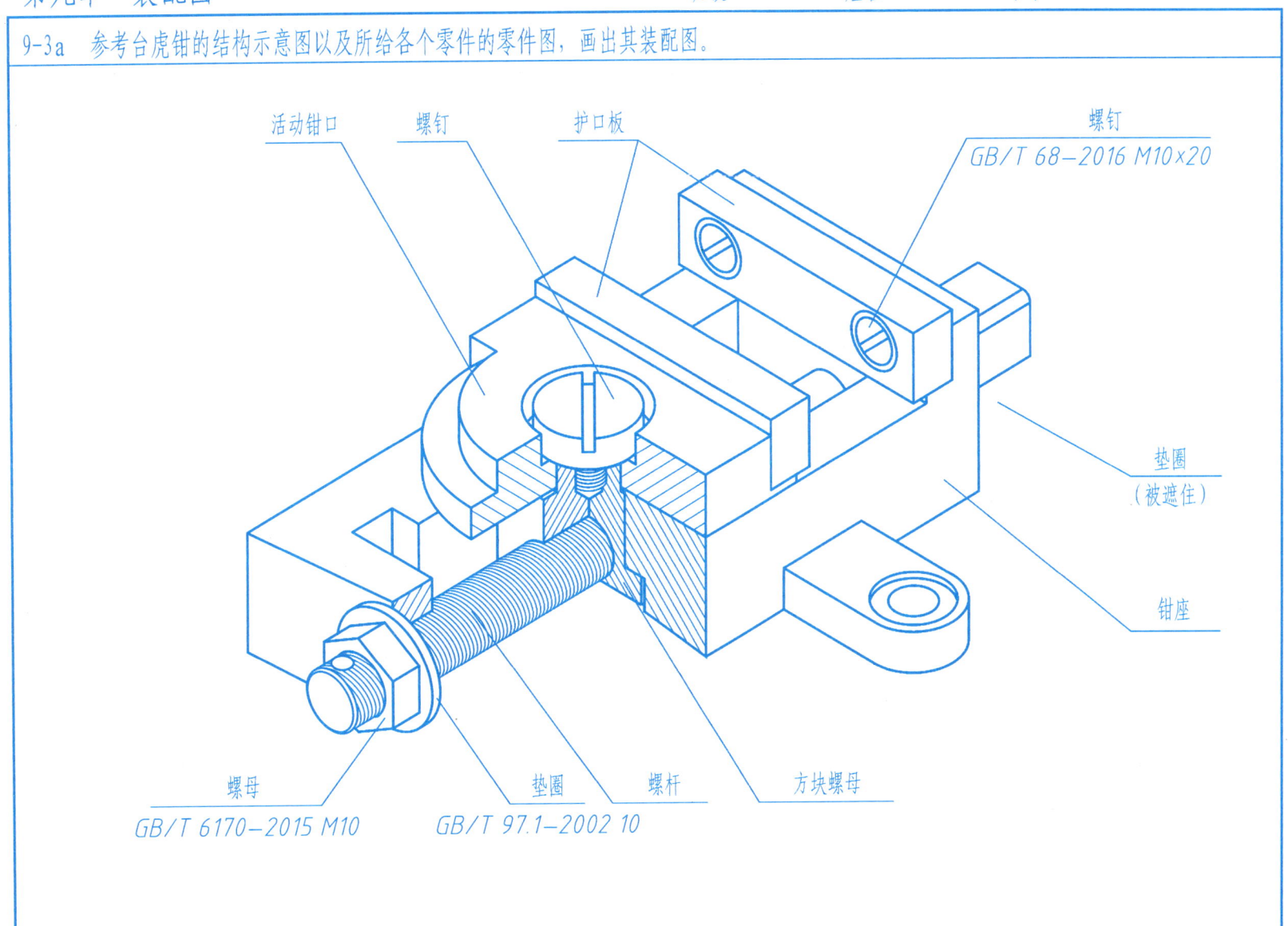

第九章 装配图　　　　　班级　　姓名　　学号

9-3b

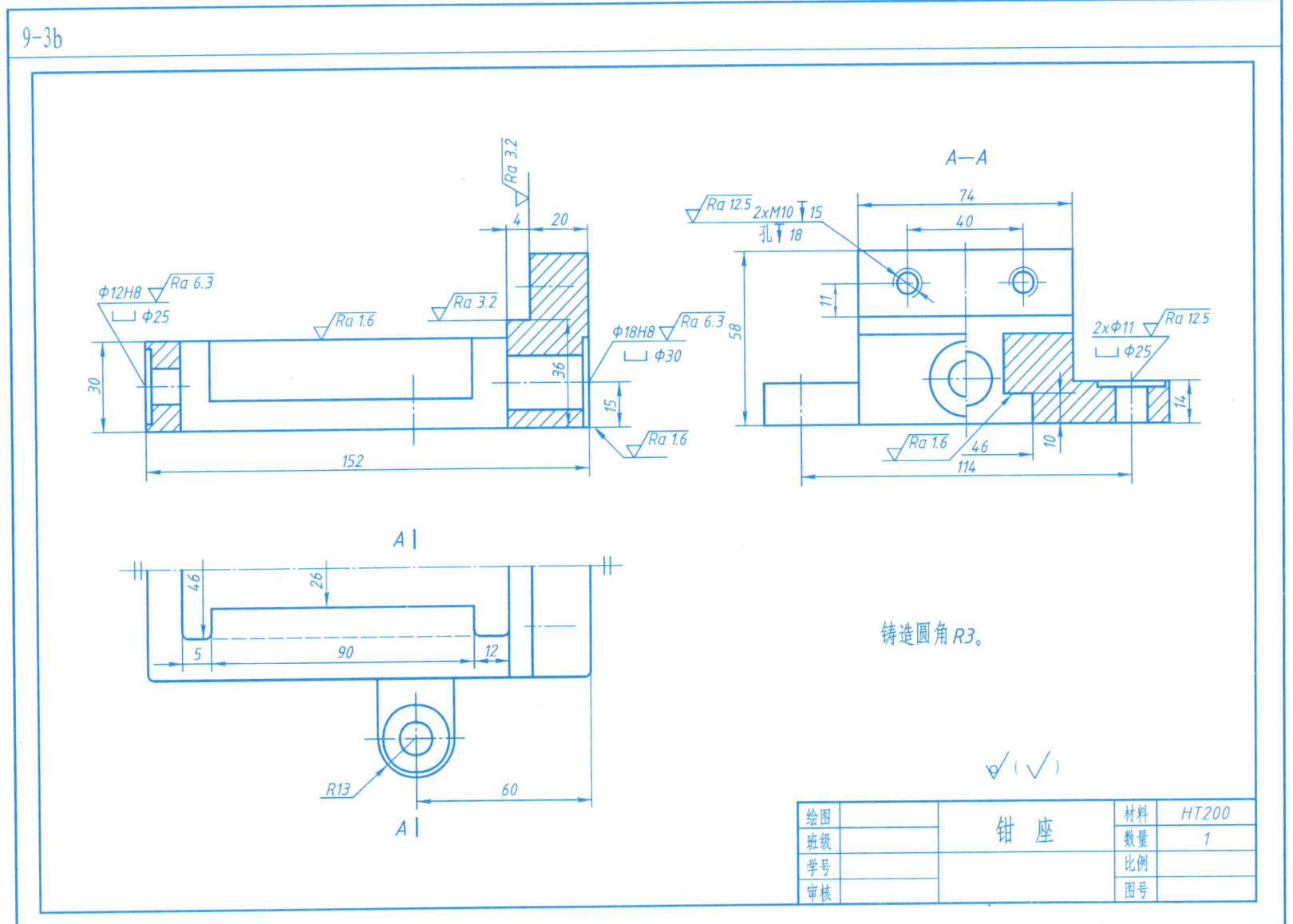

第九章 装配图

9-3c

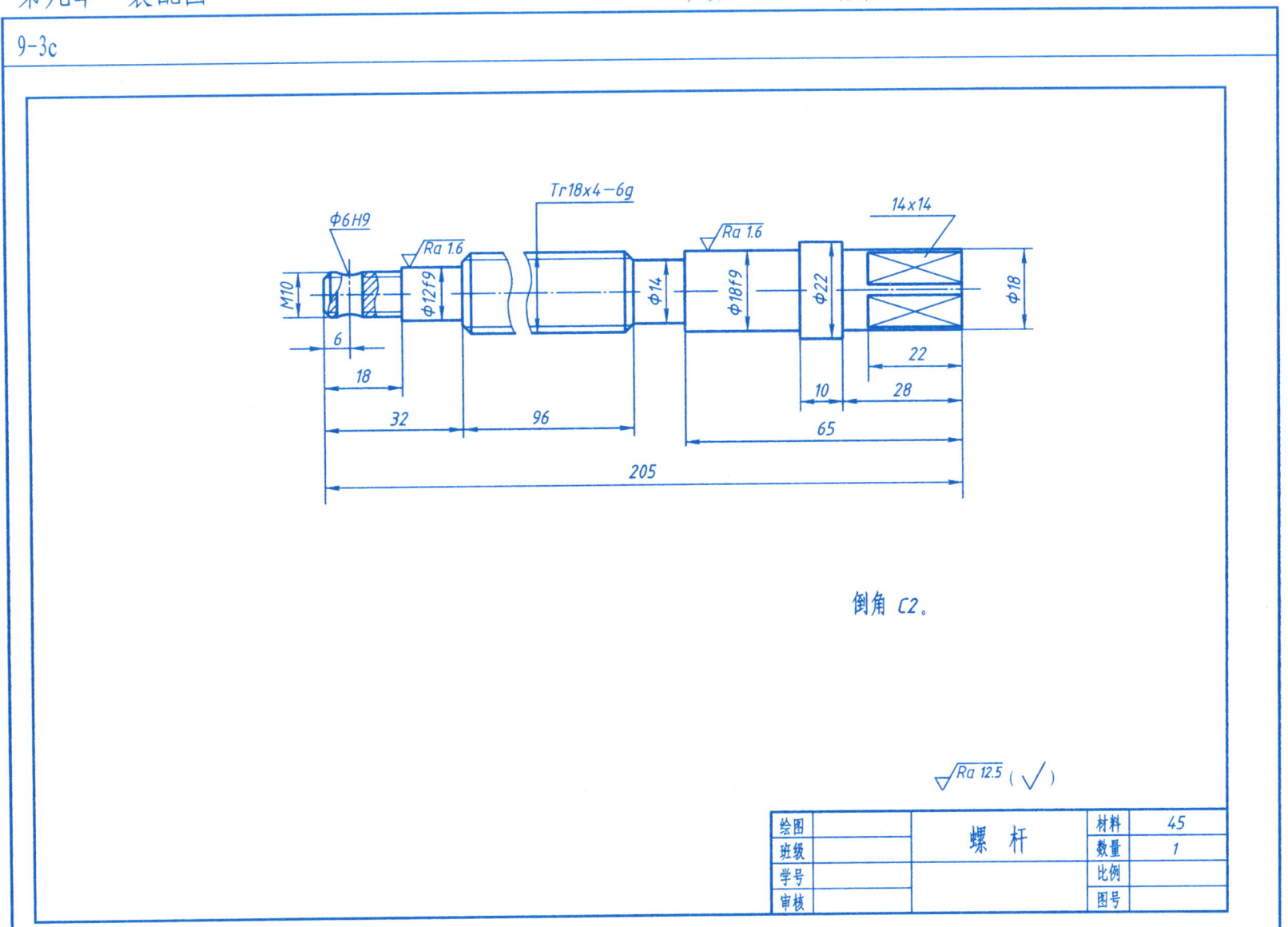

第九章 装配图　　班级　　姓名　　学号

9-3d

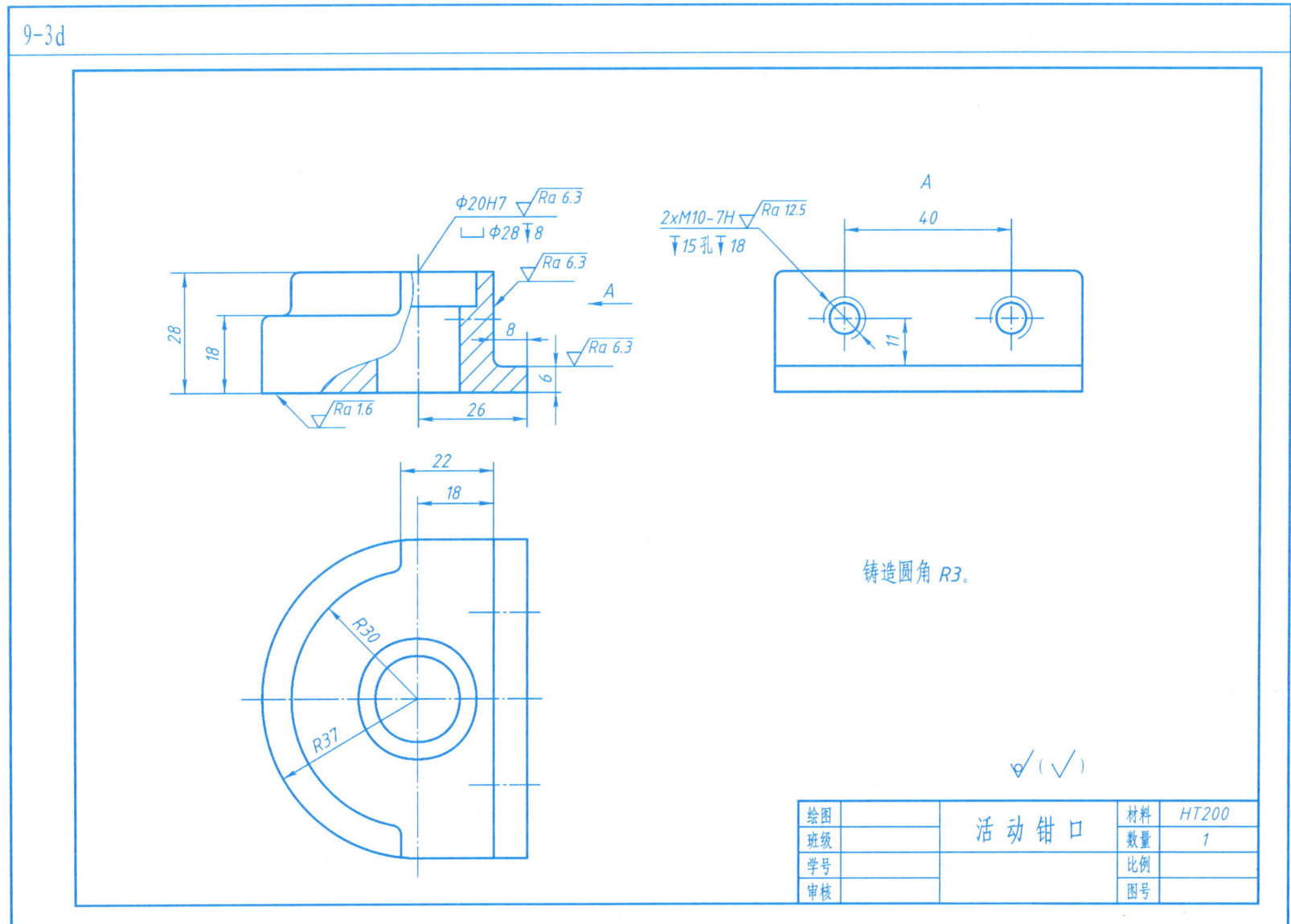

第九章 装配图   班级　　姓名　　学号

9-3e

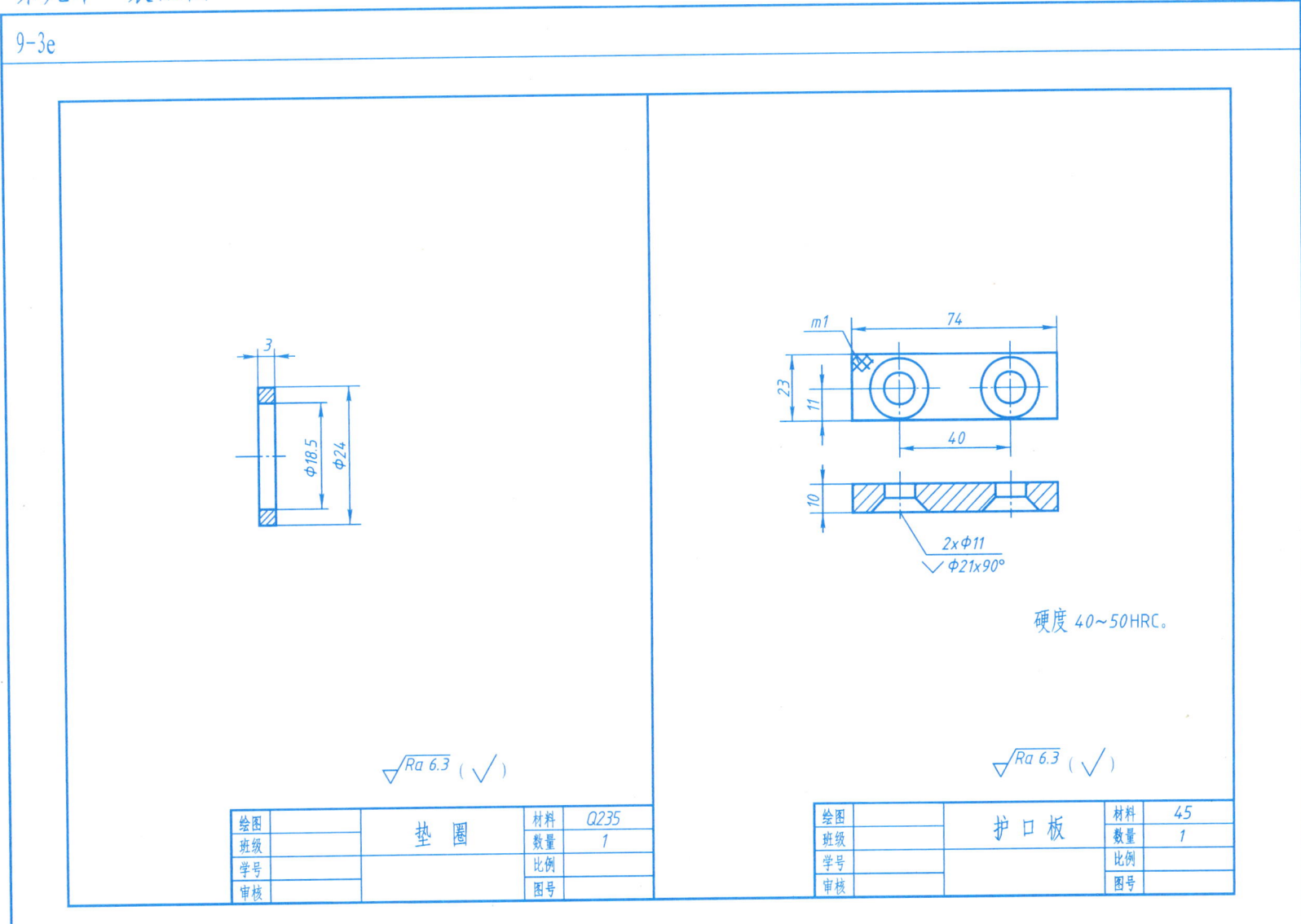

第九章 装配图

9-3f

方块螺母 材料 45 数量 1

螺钉 材料 Q235 数量 1

第十章 计算机绘图简介

班级　　姓名　　学号

10-1 按照国家标准的规定设置绘图环境（A3）。提示：参照教材§10-1设置绘图环境。

提示： 1. 图层　　　颜色　　　线型　　　线宽　　　2. A3图幅的尺寸见下图：
　　　　　01　　　白　　　　粗实线　　0.7
　　　　　02　　　绿　　　　细实线　　0.3
　　　　　04　　　黄　　　　细虚线　　0.3
　　　　　05　　　红　　　　中心线　　0.3
　　　　　08　　　蓝　　　　细实线　　0.3
　　　　　10　　　紫　　　　细实线　　0.3

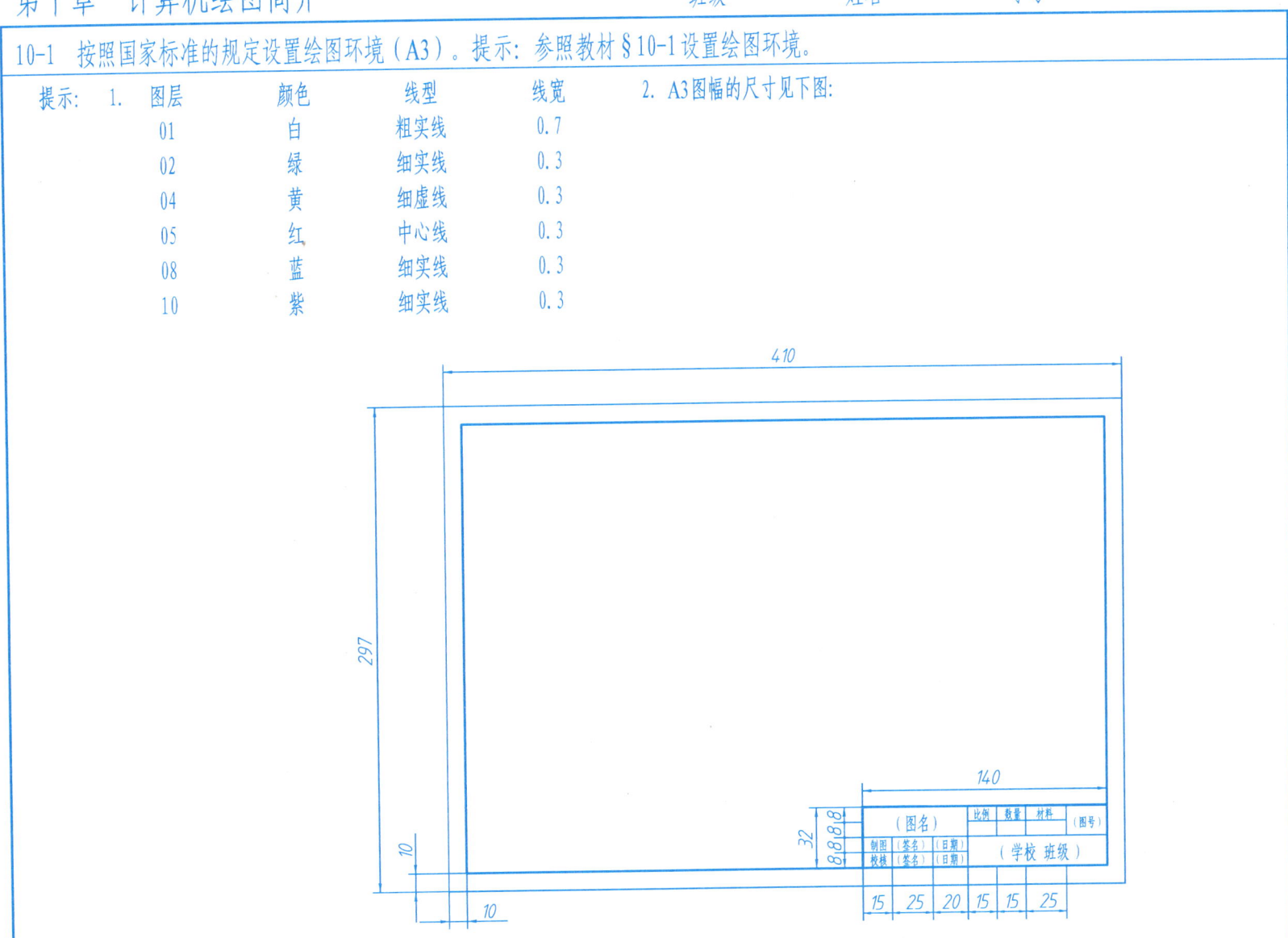

第十章 计算机绘图简介

班级　　　姓名　　　学号

10-2 根据要求进行绘图命令的操作练习。

(1) 过点 P1 画一圆，并与直线 L1、L2 相切。

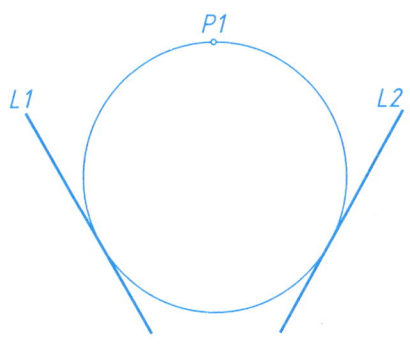

(2) 过点 P2 画一圆 C2，并与直线 L1 和圆 C1 相切。

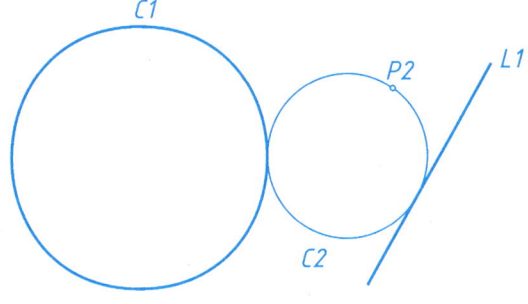

提示：注意使用单(切)点(tan)捕捉工具。

(3) 采用点的不同输入方法，用"多段线"命令完成下面的图形。

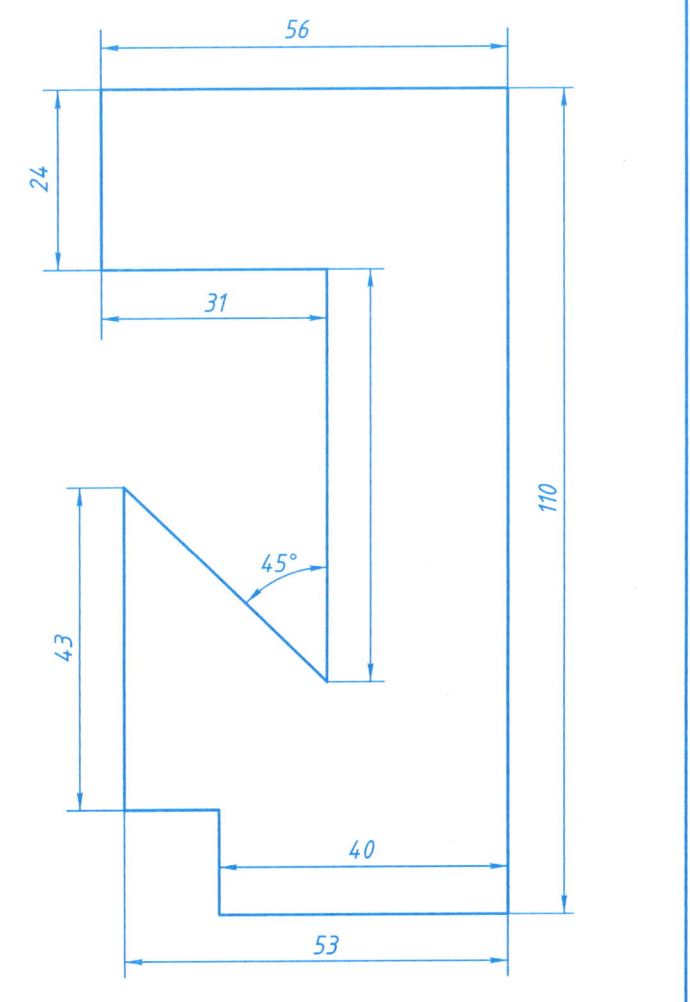

第十章 计算机绘图简介

班级　　　姓名　　　学号

10-3 用绘图命令、修改命令完成下面的练习。

(1) 提示：
1) 过中心线交点用"椭圆"命令绘出一大一小两个椭圆；
2) 用"阵列"命令中的"环形阵列"完成。

(2) 提示：
1) 将第(1)小题图案中的小椭圆改为细虚线，再用"比例"命令缩小（输入一个小于1的数值）；
2) 用"阵列"命令中的"矩形阵列"完成。

第十章 计算机绘图简介

班级　　　姓名　　　学号

10-4 用绘图命令、修改命令完成下面的练习。

(1) 提示：
1) 用"圆"命令绘出一个圆；
2) 用"阵列"命令中的"环形阵列"，完成六个圆；
3) 用"修剪"命令去掉多余的圆弧；
4) 用"图案填充"命令完成三封闭图形内的图案填充。

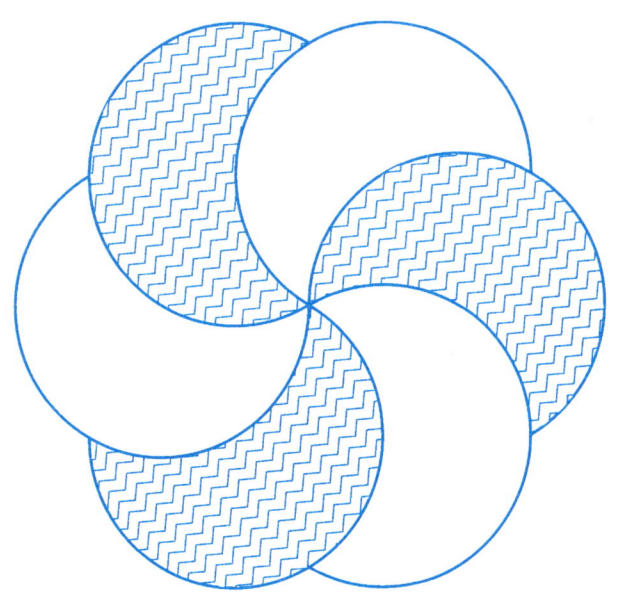

(2) 提示：
1) 用"矩形"和"直线"命令绘出一个门；
2) 用"阵列"命令中的"矩形阵列"完成。

第十章 计算机绘图简介

班级　　　姓名　　　学号

10-5 用绘图命令、修改命令完成下面的练习。

(1) 提示：

1) 绘出"提示图"；

2) 修剪并加上两个小圆；

3) 用"图案填充"方式着色。

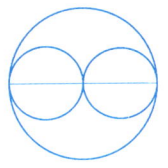

提示图

(2) 提示：

1) 先用"圆"命令绘出一个圆、一个正三角形和一个正五边形，再自三角形的一个顶点用"多段线"命令绘制一条首尾宽度不同的直线；

2) 用"阵列"命令中的"环形阵列"完成90°范围的阵列图案；

3) 再用"阵列"命令中的"环形阵列"完成全图，并用"修剪"命令将圆和正五边形之间的多段线去掉。

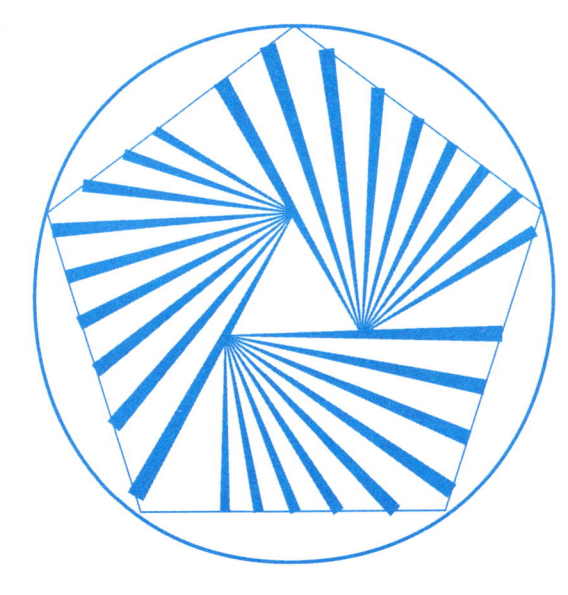

第十章 计算机绘图简介

班级　　　姓名　　　学号

10-6 绘制下面的图形。

(1) 自定尺寸绘制下面的电气符号，并命名保存。

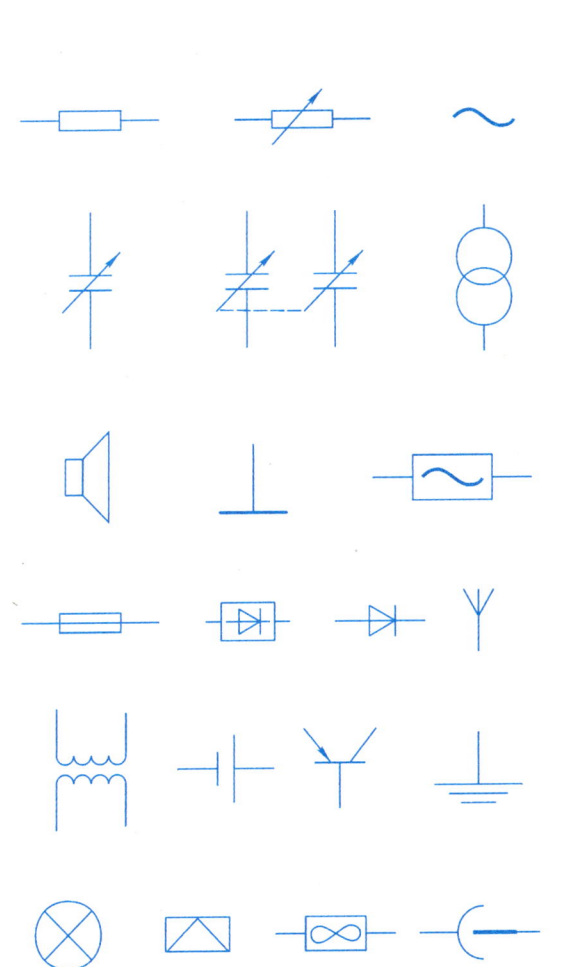

(2) 在设置好的绘图环境（A4）中绘制下面的平面图形。

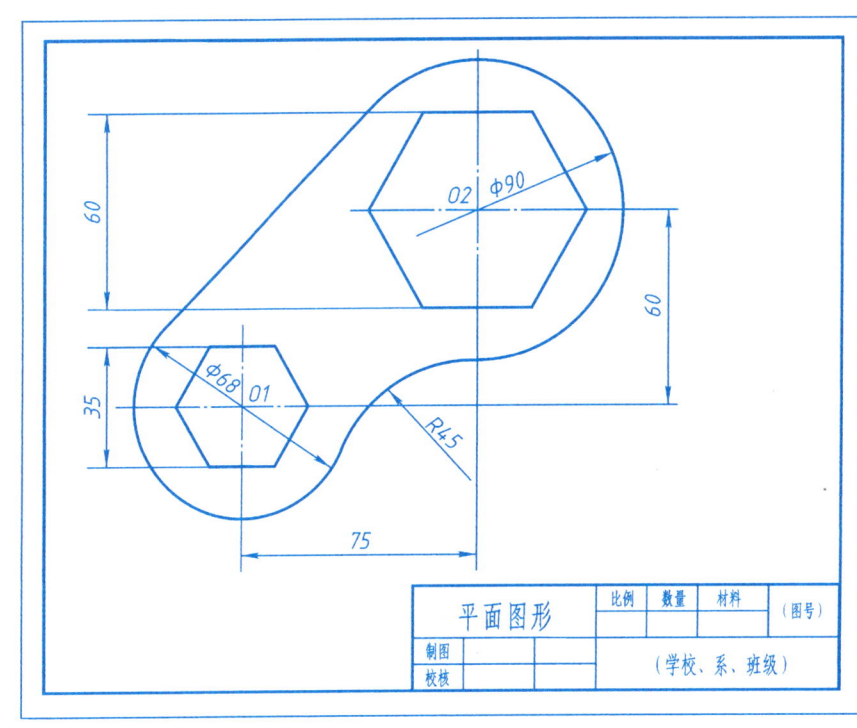

第十章　计算机绘图简介

10-7　在设置好的绘图环境（A3）中，绘制下面的图形。

（1）按1:1的比例绘制下图。

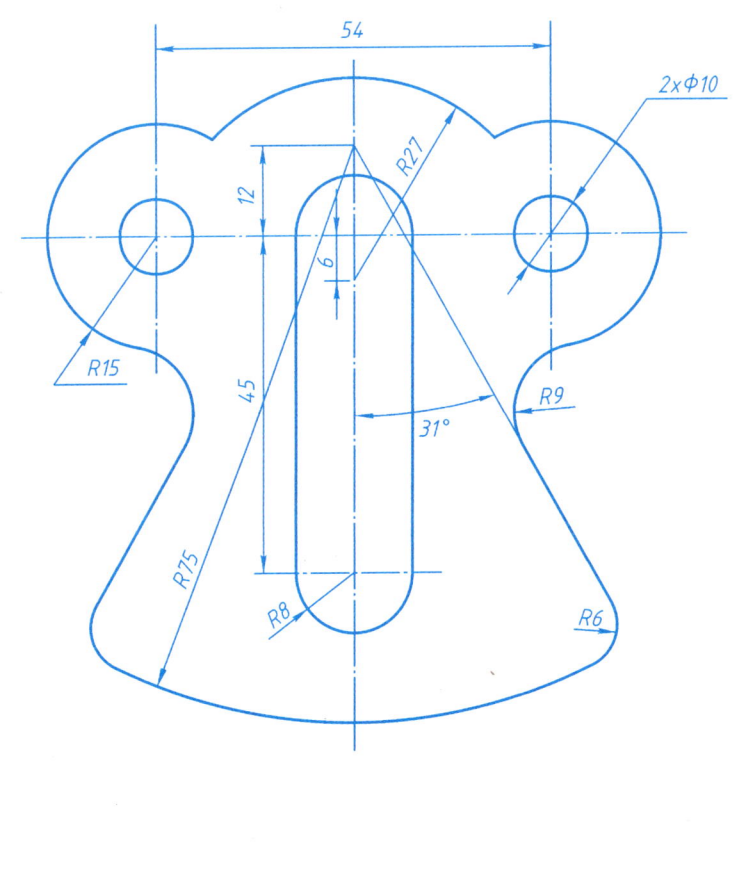

（2）根据下面提供的主视图、俯视图，试作其三维实体。

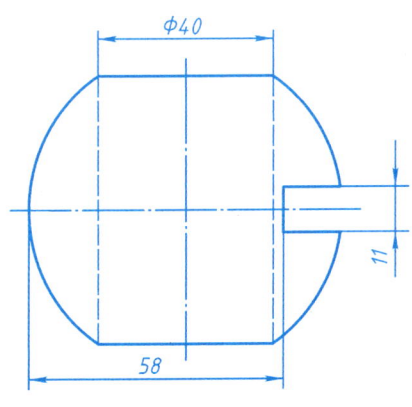

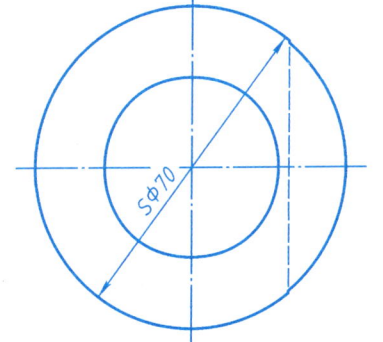

第十章 计算机绘图简介

班级　　　姓名　　　学号

10-8　在设置好的绘图环境（A3）中，绘制下面的三视图。提示：可根据其中两个视图先作一条45°辅助线，然后再画图。

(1) 根据已知的三视图，按1∶1的比例绘制。

(2) 根据已知的三视图，按1∶1的比例绘制。

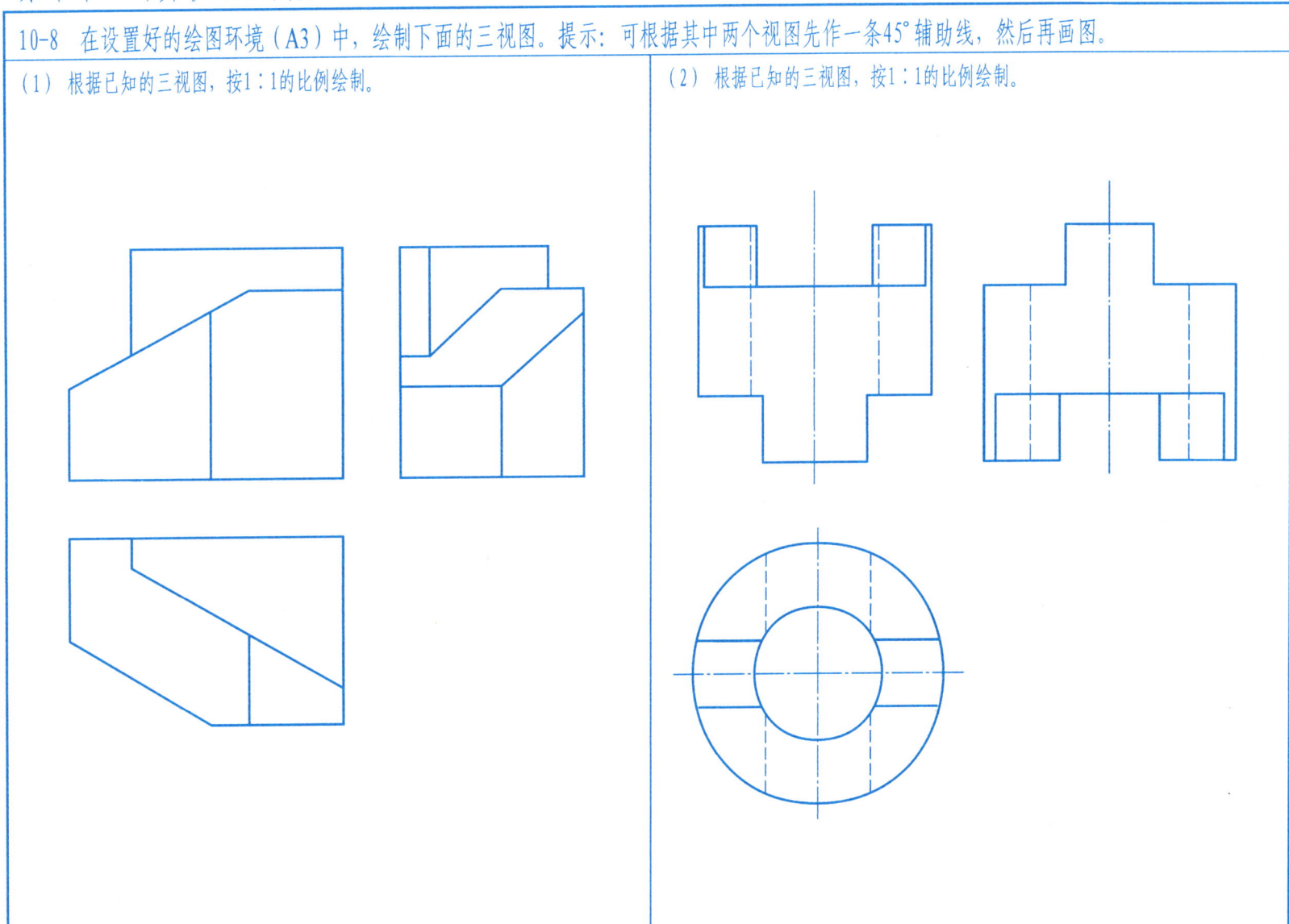

第十一章 电气制图简介　　　　班级　　　姓名　　　学号

写出下列图形所表示的元器件名称。

 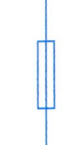 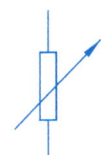 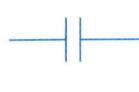

 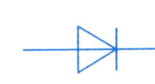  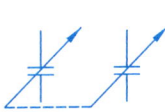 

郑重声明

高等教育出版社依法对本书享有专有出版权。任何未经许可的复制、销售行为均违反《中华人民共和国著作权法》，其行为人将承担相应的民事责任和行政责任；构成犯罪的，将被依法追究刑事责任。为了维护市场秩序，保护读者的合法权益，避免读者误用盗版书造成不良后果，我社将配合行政执法部门和司法机关对违法犯罪的单位和个人进行严厉打击。社会各界人士如发现上述侵权行为，希望及时举报，本社将奖励举报有功人员。

反盗版举报电话　（010）58581999　58582371　58582488
反盗版举报传真　（010）82086060
反盗版举报邮箱　dd@hep.com.cn
通信地址　北京市西城区德外大街4号
　　　　　高等教育出版社法律事务与版权管理部
邮政编码　100120